高等学校公共基础课系列教材

信息技术基础实训教程

主　编　何会民　史根来
副主编　刘永进　王　静
参　编　陈　超　周　群　李　宏　袁玉锦
　　　　刘艳辉　赵文革　金岩华

西安电子科技大学出版社

内 容 简 介

本书是与《信息技术基础》(何会民主编，西安电子科技大学出版社出版)一书配套使用的实训指导用书，是编者多年教学实践经验的总结。全书共分为5章，分别是信息技术实训基础知识、操作系统与 Windows 10、中文字表处理软件 Word 2016、演示文稿软件 PowerPoint 2016、电子表格软件 Excel 2016。除第1章介绍网络教学平台的使用外，其他章节都是以项目情境、实训目的和实训内容三大模块，通过提出问题、分析问题和解决问题进行展开的，每章都通过实际案例进行讲解，让学生在掌握基础知识的同时，具备实际运用的操作能力。

本书可作为《信息技术基础》的配套教材，以帮助学生进行上机练习和实战操作，也可作为信息技术培训班的培训教材，还可作为广大初学者的入门用书。

图书在版编目(CIP)数据

信息技术基础实训教程/何会民，史根来主编. —西安：西安电子科技大学出版社，2020.9(2022.8 重印)

ISBN 978-7-5606-5825-4

Ⅰ. ①信… Ⅱ. ①何… ②史… Ⅲ. ①电子计算机-高等学校-教材 Ⅳ. ①TP3

中国版本图书馆 CIP 数据核字(2020)第 151383 号

策　　划　刘玉芳

责任编辑　刘玉芳

出版发行　西安电子科技大学出版社(西安市太白南路2号)

电　　话　(029)88202421　88201467　　邮　　编　710071

网　　址　www.xduph.com　　电子邮箱　xdupfxb001@163.com

经　　销　新华书店

印刷单位　陕西日报社

版　　次　2020年9月第1版　2022年8月第3次印刷

开　　本　787毫米×1092毫米　1/16　印张 9

字　　数　178千字

印　　数　11 001～15 000 册

定　　价　30.00元

ISBN 978-7-5606-5825-4/TP

XDUP 6127001-3

＊＊＊如有印装问题可调换＊＊＊

前　　言

随着信息技术的飞速发展，计算机在经济建设及社会发展中的地位变得日益重要，计算机应用能力已成为当代社会人们生活的必备能力。作为高等学校的学生，学好信息技术基础是步入信息社会的基本要求。学习信息技术的最终目的在于应用。经验证明，在掌握必要理论的基础上，上机实训操作才是提高应用能力的基础和捷径，只有通过实际的上机实训才能深入理解和牢固掌握所学的理论知识。

本书以 Windows 10 操作系统和 Office 2016 软件为基础进行编写，强调基础性与实用性，突出“能力导向，学生主体”原则，实行项目化课程设计，逐步提高学生的计算机操作技能，注重培养学生解决实际问题的能力，从而达到提高学生综合素质的教学目标。

何会民、史根来担任本书主编，刘永进、王静担任副主编。各章编写分工如下：第 1、2 章由刘永进编写，第 3 章由王静编写，第 4、5 章由何会民编写，何会民负责全书的总体策划，刘永进和王静负责全书的统稿、定稿工作。另外，陈超、周群、李宏、袁玉锦、刘艳辉、赵文革、金岩华参加了部分资料的收集工作。

本书在编写过程中得到了邯郸学院赵新生院长的关心和邯郸学院电子信息工程实验与实训中心王保民主任的大力支持以及全体老师的无私帮助，还得到了邯郸学院教务处、信息工程学院及软件学院的大力支持和帮助，在此一并致谢！

由于编者水平有限，加之时间仓促，书中难免存在不足之处，望广大读者批评指正，不胜感激！

编　者

2020 年 6 月

目　　录

第 1 章　信息技术实训基础知识

1.1　计算机系统与常用设备

项目情境

田东鹏同学经过自己的努力拼搏，考上了心仪已久的大学，来到学校以后就读于计算机专业。听学长介绍，现在计算机的系统和设备更新很快，于是田东鹏同学向他们请教了现在计算机系统的组成结构以及计算机的常用设备。

实训目的

(1) 掌握计算机系统的组成。

(2) 了解计算机系统的硬件组成与配置。

(3) 正确启动和关闭计算机。

(4) 培养对微型计算机硬件各组成部件的识别能力。

1.1.1　计算机系统的组成

计算机系统由两大部分组成，即硬件系统和软件系统。计算机系统的组成如图 1-1 所示。

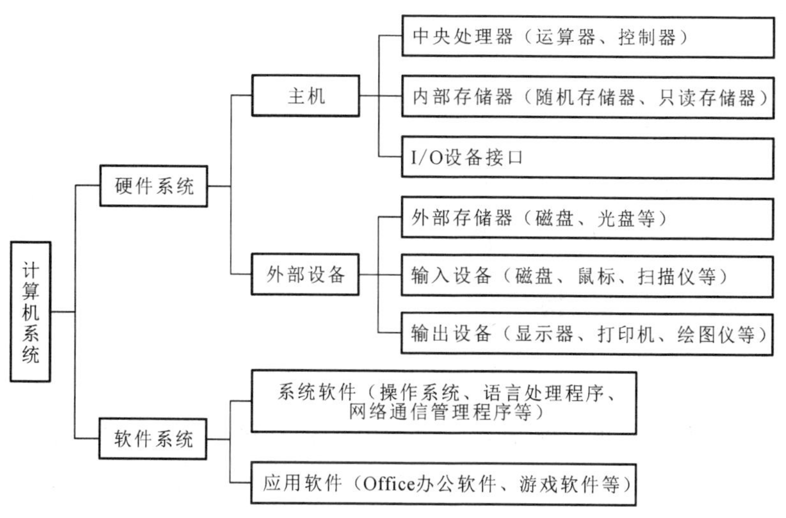

图 1-1　计算机系统的组成

微型计算机一般由主机、显示器、键盘、鼠标等设备组成，如图 1-2 所示。

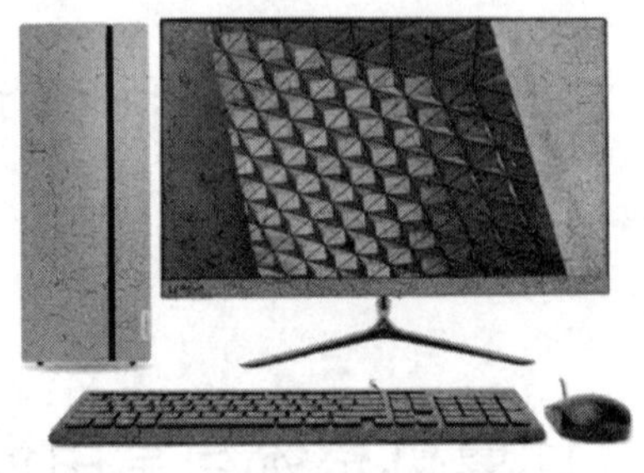

图 1-2 微型计算机的组成

1.1.2 计算机的正确启动和关闭

对于一台已经配置好的计算机，它的打开和关闭是非常简单的。虽然操作动作很简单，但如果操作方法不当，还是有可能对计算机造成不必要的损坏的。因此，一定要正确掌握计算机的启动和关闭操作，减少因为操作不当对计算机造成的损害。

1. 启动计算机

计算机的启动分为 3 种，分别是冷启动、热启动和复位启动。冷启动是按下主机箱上电源按钮接通电源启动计算机的方式。热启动是指在计算机已经开启的状态下，通过键盘重新引导操作系统，一般在死机时才使用，具体方法是：左手按住“Ctrl”键和“Alt”键不放开，右手按下“Delete”键，然后同时放开，打开任务管理器，单击屏幕右下角“重新启动”按钮。复位启动是指在计算机已经开启的状态下，按下主机箱面板上的复位按钮重新启动，一般在计算机的运行状态出现异常而热启动无效时才使用。

2. 关闭计算机

关闭计算机之前必须注意：一定要先退出所有的运行程序。

计算机的关闭方法共有 4 种：一是通过“任务管理器”的“开始”—“关机”按钮关闭计算机；二是通过键盘上的“Ctrl＋Alt＋Delete”组合键打开“任务管理器”，单击“关机”标签关闭计算机；三是长按计算机机箱的电源键，持续 1 分钟左右，直到计算机关闭；四是切断计算机的供电完成计算机的关闭。

1.1.3 计算机机箱内部结构

1. 认识机箱

机箱作为计算机配件的一部分，主要作用是放置和固定各配件，起到承托和保护作用。此外，计算机机箱具有屏蔽电磁辐射的重要作用。纵观个人计算机的发展历史，机箱在整个硬件发展过程中的发展速度与其他主要硬件相比要慢很多，但也经历了几次大的变革，而每次变革都是为了适应新的体系架构，适应日新月异的主要硬件(如

CPU、主板、显卡等）。从 AT 架构机箱到 ATX 架构机箱，再到 BTX 架构机箱，到如今非常盛行的 38 度机箱，其内部布局更加合理，散热效果更理想，再加上更多人性化的设计，无疑给个人计算机带来了更好的“家”。随着机箱的发展，各种外观和功能的机箱出现在人们的生活中，如图 1-3 至图 1-5 所示。

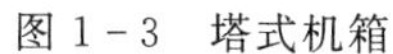

图 1-3　塔式机箱

图 1-4　迷你机箱

图 1-5　个性化机箱

2. 认识电源

计算机属于弱电产品，也就是部件的工作电压比较低，一般在＋12 V 以内，并且是直流电。而普通的市电为 220 V(有些国家为 110 V)交流电，不能直接在计算机部件上使用。因此，计算机和很多家电一样需要一个电源部分，负责将普通市电转换为计算机可以使用的电压，一般安装在计算机内部。计算机的核心部件工作电压非常低，并且计算机的工作频率非常高，因此对电源的要求比较高。目前计算机的电源为开关电路，用于将普通交流电转换为直流电，再通过斩波控制电压，将不同的电压分别输出给主板、硬盘、光驱等计算机部件。

计算机电源主要分为 3 种型号，分别是 AT 电源、ATX 电源、Micro ATX 电源。

1）AT 电源

AT 电源的功率一般为 150～220 W，共有 4 路输出(±5 V、±12 V)，另外向主板提供一个 P. G 信号。AT 电源的输出线为两个 6 芯插座和几个 4 芯插头，两个 6 芯插座给主板供电。AT 电源采用切断交流电网的方式关机。在 ATX 电源未出现之前，从 286 到 586 计算机由 AT 电源统一供电。随着 ATX 电源的普及，AT 电源渐渐淡出了市场。

2）ATX 电源

Intel 公司于 1997 年 2 月推出了 ATX 2.01 标准电源。其和 AT 电源相比，外形尺寸没有变化，主要增加了＋3.3V 和＋5V Stand By 两路输出和一个 PS-ON 信号，输出线改用一个 20 芯线给主板供电。有些 ATX 电源在输出插座的下面加了一个开关，可切断交流电源输入，彻底关机。

3）Micro ATX 电源

Micro ATX 电源是 Intel 公司在 ATX 电源之后推出的标准电源，主要目的是降低成本。其与 ATX 电源相比的显著变化是体积和功率减小了：ATX 的体积是 150 mm×

140 mm×86 mm，Micro ATX 电源的体积是 125 mm×100 mm×63.51 mm；ATX 电源的功率在 220 W 左右，Micro ATX 电源的功率是 90～145 W。目前的主流电源如图 1-6 所示。

图 1-6 主流电源

3. 认识 CPU

目前全球生产 CPU 的厂家主要有 Intel 公司和 AMD 公司。Intel 公司领导着 CPU 的世界潮流，从 386、486、Pentium 系列、Celeron 系列、酷睿系列、至强到现在的 i3、i5、i7，它始终推动着微处理器的更新换代。Intel 公司的 CPU 不仅性能出色，而且在稳定性、功耗方面都十分理想，占据了 CPU 市场大约 80%的份额。表 1-1 和表 1-2 为 CPU 的相关性能参数。

表 1-1 Intel 酷睿 i7 7700K 的参数

基本参数	适用类型：台式机； CPU 系列：酷睿 i7 7 代系列； 制作工艺：14 nm； 核心代号：Kaby Lake； CPU 架构：Kaby Lale； 插槽类型：LGA 1151； 封装大小：37.5 mm×37.5 mm
性能参数	CPU 主频：4.2 GHz； 动态加速频率：4.5 GHz； 核心数量：4； 线程数量：8； 三级缓存：8 MB； 总线规格：DMI3 8 GT/s； 热设计功耗(TDP)：91 W
内存参数	支持最大内存：64 GB； 内存类型：DDR4 2133/2400 MHz，DDR3L 1333/1600 MHz@1.35V； 最大内存通道数：2； ECC 内存支持：否

续表

显卡参数	集成显卡：Intel HD Graphics 630； 显卡基本频率：350 MHz； 显卡最大动态频率：1.15 GHz； 显卡视频最大内存：64 GB； 4K 支持：60 Hz； 最大分辨率(HDMI 1.4)：4096×2304@24 Hz； 最大分辨率(DP)：4096×2304@60 Hz； 最大分辨率(eDP-集成平板)：4096×2304@60 Hz； Direct X 支持：12； Open GL 支持：4.4； 显示支持数量：3； 设备 ID：0×5912； 支持英特尔 Quick Sync Video、InTru 3D 技术、清晰视频核芯技术、清晰视频技术
技术参数	睿频加速技术：支持； 2.0 超线程技术：支持； 虚拟化技术：Intel VT； 指令集：SSE 4.1/4.2，AVX 2.0，64 bit； 64 位处理器：是； 其他技术：支持增强型 Speed Step 技术，空闲状态，温度监视技术，身份保护技术，AES 新指令，安全密钥，英特尔 Software Guard Extensions，内存保护扩展，操作系统保护，执行禁用位，具备引导保护功能的英特尔设备保护技术

表 1-2　AMD Ryzen7 1800X 的参数

基本参数	适用类型：台式机； CPU 系列：Ryzen 7； 制作工艺：14 nm； 核心代号：Summit Ridge； CPU 架构：Zen； 插槽类型：Socket AM4； 包装形式：盒装
性能参数	CPU 主频：3.6 GHz； 动态加速频率：4 GHz； 核心数量：8； 线程数量：16； 二级缓存：4 MB； 三级缓存：16 MB； 热设计功耗(TDP)：95 W

续表

内存参数	内存类型：DDR4 2667 MHz(最高)； 最大内存通道数：2
技术参数	64 位处理器：是； 其他技术支持：AMD Sense MI 技术，不锁频，自适应动态扩频(XFR)

以上两款产品是目前市面上最新的 CPU，分别如图 1－7 和图 1－8 所示。

图 1－7　Intel 酷睿 i7 7700K

图 1－8　AMD Ryzen7 1800X

通过对比其参数我们可以得出以下结论：

(1) CPU 的制作工艺已经达到 14 nm。

(2) CPU 原生态核心数量已经达到 8，超线程数量达到 16。

(3) CPU 的主频达到 4.2 GHz，动态加速下可以达到 4.5 GHz。

(4) CPU 支持的最大内存容量为 64 GB，内存类型为 DDR4 2667 MHz，最大内存通道数为 2。

(5) CPU 集成了显卡核心功能。

(6) CPU 都拥有超线程技术、64 位指令系统，具有不同的封装技术和睿频技术。

4. 认识内存

内存主要分为内存储器和外存储器。内存储器又分为随机读/写存储器(Random Access Memory，RAM)、只读存储器(Read Only Memory，ROM)和高速缓冲存储器(Cache)三类。其中，Cache 被集成封装在 CPU 中，而且缓存的结构和大小对 CPU 速度的影响非常大。外存储器是指除计算机内存及 CPU 缓存以外的存储器，此类存储器一般断电后仍然能保存数据。常见的外存储器有硬盘、软盘、光盘、U 盘等。目前的主流内存条 DDR4 如图 1－9 所示。

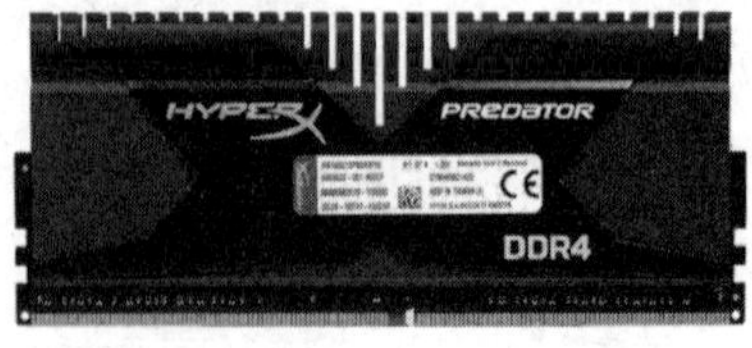

图 1－9　DDR4 内存条

内存储器的性能主要由以下几个方面决定：

(1) 内存容量：目前单根内存容量最大已经达到16 GB。

(2) 内存类型：DDR1、DDR2、DDR3、DDR4、DDR5。

(3) 内存的主频：主流频率都在2400 MHz，最高能到3000 MHz。

内存条金手指就是内存片与主板插槽连接的、排列整齐的一排触点，一般是镀金处理的。当内存条的触点受到污染或金膜脱落而被氧化时，可用橡皮擦除污物或氧化物。

目前计算机系统中的外存储器主要是硬盘。硬盘有固态硬盘(SSD，新式硬盘)、机械硬盘(HDD，传统硬盘)(如图1-10所示)、混合硬盘(HHD，一块基于传统机械硬盘诞生的新硬盘)。SSD采用闪存颗粒来存储，HDD采用磁性碟片来存储，HHD是把磁性硬盘和闪存集成到一起的一种硬盘。

图1-10　机械硬盘

机械硬盘的参数主要有以下几个方面：

(1) 硬盘的容量：目前主流为1TB，也有2TB、3TB，甚至更大的。

(2) 硬盘的缓存：目前主流为64 MB，最大为128 MB，转速为7200 r/min。

(3) 硬盘的接口类型：SATA 1.0、SATA 2.0、SATA 3.0，目前主流的是SATA 3.0。

(4) 硬盘的接口速率：6 GB/s。

固态硬盘根据接口类型不同又分为SATA(如图1-11所示)、M.2(如图1-12所示)、PCI-E(如图1-13所示)、mSATA(如图1-14所示)四种类型。

图1-11　SATA固态硬盘

图1-12　M.2固态硬盘

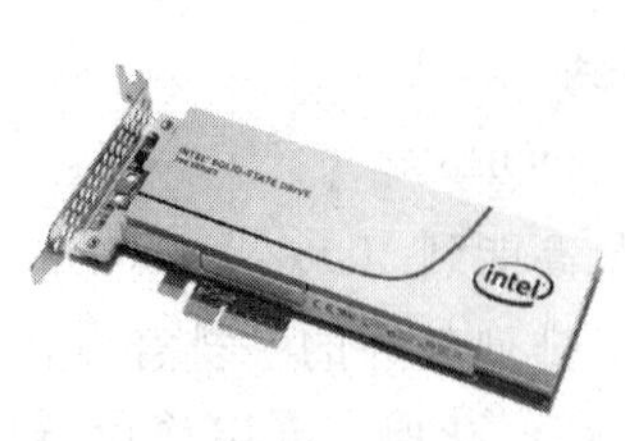

图 1 - 13　PCI - E 固态硬盘

图 1 - 14　mSATA 固态硬盘

固态硬盘的主要参数如下：

(1) 固态硬盘的容量：目前主流为 128 GB、250 GB，也有 500 GB 和 1 TB 的，售价非常贵。

(2) 固态硬盘的接口类型：SATA、M.2、PCI - E、mSATA。

(3) 固态硬盘的闪存架构：目前主流的 SSD 中主要采用的是 MLC N AND 闪存芯片与 SLC 闪存芯片。随着技术的发展，如今采用 TLC N AND 闪存芯片的 SSD 也已经出现。

(4) 固态硬盘的读/写速度：比普通的机械硬盘快 3～4 倍，一般可以达到 500 MB/s，甚至更高。

5. 认识主板

主板，又叫主机板(Mainboard)、系统板(SystemBoard)或母板(Motherboard)，它安装在机箱内，是计算机最基本、最重要的部件之一。主板一般为矩形电路板，上面安装了组成计算机的主要电路系统，一般有 BIOS 芯片、I/O 控制芯片、键盘和面板控制开关接口、指示灯插接件、扩充插槽、主板及插卡的直流电源供电接插件等。主板的另一特点是采用了开放式结构。主板上大都有 6～8 个扩展插槽，供 PC 外围设备的控制卡(适配器)插接。通过更换这些插卡，可以对计算机的相应子系统进行局部升级，从而使厂家和用户在配置机型方面有更大的灵活性。目前主流主板的结构图如图 1 - 15 所示。

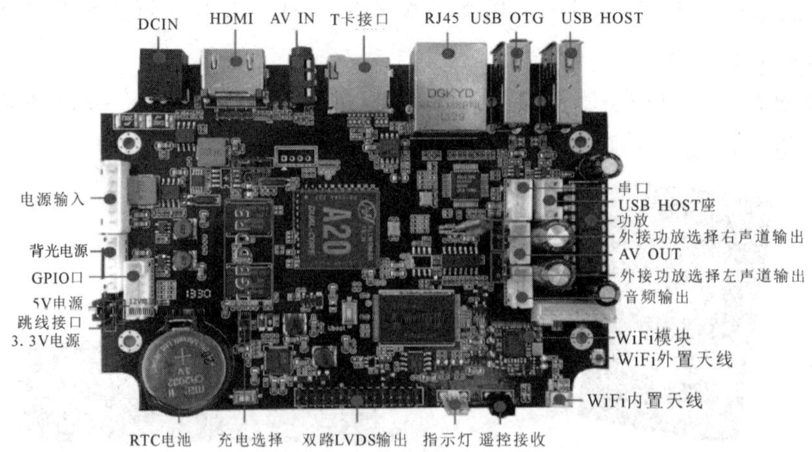

图 1 - 15　主流主板的结构图

目前主板的主要参数有以下几方面：

(1) 主板芯片组：分为支持 Intel 公司和 AMD 公司的两种芯片。

(2) 主板板型：AT、baby AT、ATX、BTX、一体化(ALL in one)主板、NLX 等，目前用的最多的是 ATX 结构的主板。

(3) 主板内存规格：支持的内存类型为从 DDR1 到 DDR4，内存插槽一般是 2～4 条，最大内存容量从最初的 1 GB 逐渐增加到现在的 64 GB。

(4) 主板扩展插槽：目前主流的主板都有 PCI－E 3.0、3xPCI－EX 16 显卡插槽，存储接口为 1×M.2 接口、1×SATA Express 接口、6×SATAⅢ接口。

(5) 主板的 I/O 接口：1 个 USB 3.1 Type－A 接口、1 个 USB 3.1 Type－C 接口、6 个 USB 2.0 接口、1 个 HDMI 接口、1 个 DVI 接口、1 个 Display Port 接口、1 个 8 针电源插口，1 个 24 针电源接口；其他接口有 1 个 RJ45 网络接口、1 个光纤接口、音频接口。

6. 认识显卡

显卡(Video card，Graphics card)的全称为显示接口卡，又称显示适配器，是计算机的最基本配置之一。显卡作为计算机主机里的一个重要组成部分，承担输出显示图形的任务。显卡接在计算机主板上，它将计算机的数字信号转换成模拟信号让显示器显示出来。同时，显卡还有图像处理能力，可协助 CPU 工作，提高整体的运行速度。对于从事专业图形设计的用户来说，显卡非常重要。

显卡根据显示芯片又分为集成显卡和独立显卡。集成显卡是将显示芯片、显存及其相关电路都集成在主板上，与其融为一体；独立显卡(如图 1－16 所示)是指将显示芯片、显存及其相关电路单独做在一块电路板上，自成一体，作为一块独立的板卡存在，它需占用主板的扩展插槽(ISA、PCI、AGP 或 PCI－E)。

图 1－16　独立显卡

目前主流显卡的主要技术参数有以下几方面：

(1) 显卡的芯片：分为 NVIDIA GeForce GTX 系列、N 卡和 AMD 系列。目前主流显卡的芯片是 GTX 1050GTX、GTX 1050Ti、GTX1060 和 R9380、R9380X、RX470、RX480。

(2) 显卡的核心频率和显存频率：以影驰 GeForce GTX1060 为例，它的核心频率为 1544/1759 MHz，显存频率为 8000 MHz，数值越大，显卡性能越好。

(3) 显存容量：1 GB、3 GB、6 GB，数值越大越好。

(4) 显卡显存位宽：128 bit、256 bit、384 bit，数值越大越好。

(5) 显卡 CUDA 核心：也叫 SP(Stream Processor)，是 NVIDIA 对其统一架构 CPU 内通用标量着色器的称谓。这个 CUDA 核心的个数从几百到几千，数值越大越好，也是衡量显卡性能的一个重要参数指标。

(6) 显卡接口类型：目前主流显卡都支持 HDMI 接口、DVI 接口、Display Port 接口。

7. 认识显示器

显示器(Display)通常也称监视器。显示器属于计算机的 I/O 设备，即输入/输出设备。它是一种将一定的电子文件通过特定的传输设备显示到屏幕上，再反射到人眼的显示工具。根据制造材料的不同，显示器可分为阴极射线管显示器(CRT)、等离子显示器(PDP)、液晶显示器(LCD)。目前 CRT 显示器已经被淘汰，主流使用的显示器都是 LCD，如图 1-17 所示。

图 1-17　液晶显示器(LCD)

以飞利浦 274E5QSB/93 为例，目前主流显示器的主要技术参数见表 1-3。

表 1-3　274E5QSB/93 的参数

基本参数	数据	显示参数	数据
产品类型	LED 显示器，广视角显示器	点距	0.311 mm
屏幕尺寸	27 in(1 in=2.54 cm)	亮度	250 cd/m^2
最佳分辨率	1920×1080	可视面积	597.89 mm×336.31 mm
屏幕比例	16:9(宽屏)	可视角度	178°/178°
高清标准	1080p(全高清)	显示颜色	16.7M 纠错
面板类型	AH-IPS	扫描频率水平	30～83 kHz
背光类型	LED 背光	垂直	56～75 Hz
动态对比度	2000 万:1		
静态对比度	1000:1		
黑白响应时间	14 ms		

8. 认识输入设备和输出设备

计算机中最重要的输入设备就是鼠标(如图 1-18 所示)和键盘(如图 1-19 所示),输出设备则有很多,如显示器(如图 1-20 所示)、音响(如图 1-21 所示)、打印机(如图 1-22 所示)。目前使用的鼠标多是光电鼠标,还有各种带功能键的鼠标。键盘目前主流使用的是机械键盘和静电电容键盘。

图 1-18 多功能鼠标

图 1-19 机械键盘

图 1-20 显示器

图 1-21 多媒体音响

图 1-22 彩色打印机

1.2　微型计算机的个人组装

项目情境

田东鹏同学通过第一个实训任务的学习，了解了微型计算机各个部件的相关功能和参数。通过自己课上的学习和课后的资料查找，田东鹏同学决定购买配件组装一台属于自己的计算机。

实训目的

(1) 了解微型计算机硬件配置、组装的一般流程和注意事项。

(2) 学会自己动手配置、组装一台微型计算机。

1.2.1　微型计算机的配置清单

本次实训 DIY 微型计算机采用的是目前的主流配置，该套配置能满足大家的日常学习、娱乐需求。采用的是 Intel 公司的平台，具体配置单详见表 1-4。

表 1-4　DIY 计算机配置清单

名　称	型　号
处理器(CPU)	Intel 酷睿 i5-7500
主板	七彩虹 战斧 C. B250M-HD 魔音版 V20
内存	金士顿骇客神条 FURY 8 GB DDR4 2400
硬盘	OCZ 120 GB/希捷 1TB 机械硬盘
显卡	iGame 1060 烈焰战神 X-6GD5 Top
显示器	三星 S27D360H
散热器	Tt RingS 300
电源	爱国者 电竞 500
键鼠	罗技 MK260 键鼠套装
机箱	爱国者 月光宝盒曜
光驱	无

1.2.2　微型计算机的安装流程

微型计算机的安装没有绝对的安装顺序，有的是先装主板再装电源，有的是先装电源再装主板，要根据实际情况进行。下面提供一个比较可行的安装流程，一共 12 步，可以作为参考。

① 准备机箱；② 安装 CPU；③ 安装内存条；④ 安装电源；⑤ 安装主板；⑥ 安装硬盘；⑦ 安装显卡；⑧ 机箱内部接线；⑨ 连接显示器；⑩ 连接鼠标、键盘；⑪ 通电测试计算机启动；⑫ 安装操作系统。

1.2.3　微型计算机的安装步骤

1. 机箱的准备

打开机箱的外包装，可以看到包装盒内有许多附件、螺钉、挡板片，在安装的过程中，会一一用到它们。取下机箱外壳，如图 1-23 所示，会发现整个机箱的机架由金属组成。其中，有 5 inch(注：1 inch＝2.54 cm)固定架可以用来安装硬盘和光驱；机箱一侧的一块大铁板称为底板，底板上的铜柱用来固定主板；机箱背部的槽口和多块挡板片可以拆下，用来连接外部设备，如鼠标、键盘、显示器等。

图 1-23　ATX 机箱结构

2. 安装 CPU 和风扇

CPU 是计算机的“大脑”。装机的第一步通常是先将 CPU 安装完毕再安装散热器。随着科技的进步，目前计算机的配置也越来越高，酷睿 i5 目前依然是主流。不过随着不少新品游戏的逐渐发布以及处理器新品的出现，目前主流游戏装机用户也越来越偏向酷睿 i7 中高端装机平台。凭借新架构和新工艺优势，Intel Sandy Bridge 平台在高清、游戏和视频制作方面都表现出了极为优秀的性能。本实训我们采用了酷睿 i5 7500 处理器。

(1) 将主板从主板盒里拿出，放到保护垫下面。主板出厂时，CPU 底座都是用塑料保护盖和金属卡子卡好的。打开 CPU 的金属保护套，对准处理器上的金色三角标识(如图 1-24 所示)，轻轻放下即可。避免把 CPU 底座的引脚弄歪是装机时必须注意的一件事情。

图 1-24　CPU 对齐金色三角标识

(2) 四四方方的处理器与主板插槽在大小、规格方面完全吻合。用户在安装 CPU 时需要将 CPU 插槽的压杆“拉”起，并将 CPU 口盖立起来。安装完毕以后将压杆放下，如图 1-25 所示。

图 1-25　放下压杆

(3) 一般情况下，CPU 需要涂抹一层薄薄的硅脂，这样有利于 CPU 导热(散热)。本实训采用的是盒装散热风扇其默认提供硅脂(如图 1-26 所示)，所以无须额外涂抹硅脂。散热风扇，是有电源导线的，大家需要先找到主板上 CPU FAN 提示插孔将风扇电源插入。Intel 原装散热风扇采用按压式，按压散热器时需要用户采用对角线按压的方法进行组装。

图 1-26　盒装散热风扇提供的硅脂

3. 安装内存条

在安装完 CPU 后，装机已经完成 1/5 了。主板上还设有很多插槽，内存插槽就是其中之一，一般在 CPU 插槽旁边。接下来介绍如何安插双通道内存。

我们可以看到，内存插槽上面有个"防呆插"凹槽，如图 1-27 所示。我们或许在主板上可以找到两种颜色的插槽，如果是双通道，那么需要将两条内存分别插在颜色相同的两个内存插槽中。一般我们可以从最外层插槽开始插内存条。

插内存条时需要双手先将内存插槽扣具打开，将内存条放到插槽中，双手垂直按住内存条的两端用力向下按压。内存条安装完毕后，还要检查内存扣具是否锁定。安装完成的内存条如图 1-28 所示。

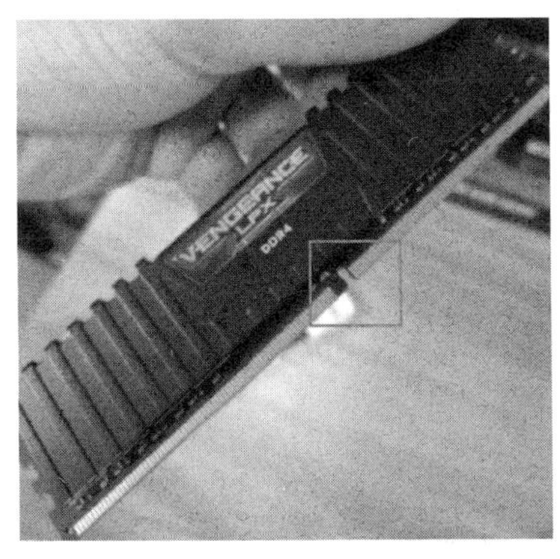

图 1-27　内存条"防呆插"凹槽

图 1-28　安装完成的内存条

安装内存条时要注意以下两点：

(1) 双通道内存要分清插槽颜色，选颜色相同的内存插槽插入。

(2) 安装内存条需要双手将其垂直向下按压，并检查内存扣具是否锁定。

4. 安装电源

因为要进行背部走线，所以先安装电源比较方便。首先拿出电源(如图 1－29 所示)，将电源放到机箱内部，如图 1－30 所示。安装的时候一定要让风扇面向机箱内部，这样有利于散热。然后将固定螺钉拧上，如图 1－31 所示。将电源线从背部出线口穿过，穿过后再从两个进线口穿到机箱内，穿进的时候要根据主板插口位置和硬盘固定位置选择进线口。现在的机箱内部一般都是背部走线，在安装主板前要整理电源线。

图 1－29　机箱电源

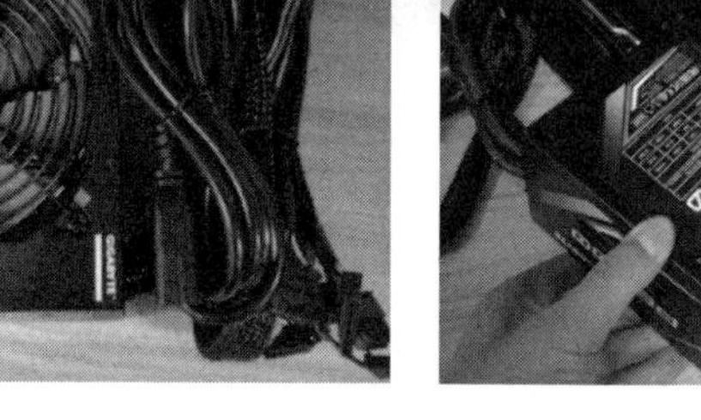

图 1－30　放入机箱内部

图 1－31　固定机箱电源

5. 安装主板

(1) 整理机箱内部线路。通常为了机箱内部整齐美观，大多数人选择背部走线。安装好机箱侧面挡板，如图 1－32 所示。

图 1－32　安装机箱侧面挡板

(2) 将主板平放到机箱内部。对准螺钉孔，加以固定，如图 1－33 所示。

图 1－33　固定主板

(3) 将机箱内部线路与主板连接。电源供电导线与主板上的供电接口连接，如图 1－34 所示。

图 1－34　连接主板供电

6. 安装硬盘

现在主流组装计算机都安装两块硬盘：一块 SSD 固态硬盘作为系统启动盘，另一块机械硬盘作为资料存储盘。在安装硬盘的过程中，可以利用硬盘固定架将机械硬盘固定在硬盘架上，放入机箱合适的位置。由于该硬盘架采用的是推入式安装方式，因此直接将硬盘推进机箱内部固定即可，如图 1－35 所示。

图 1－35　安装机械硬盘

7. 安装显卡

电源与硬盘安装完成之后，接下来是显卡的安装。在组装计算机中，只需要将显卡安装在主板 PCI 显卡插槽上，然后将其固定在机箱中即可，如图 1－36 所示。安装显卡的时候，需要先将显卡供电插头插上，如图 1－37 所示。显卡安装完成后，再检查内部硬件是否都安装到位。

图 1-36　安装显卡

图 1-37　安装显卡供电

8. 机箱内部供电线路的接线

前面我们已将所有硬件大致安装完成了，只是各硬件与主板和电源供电线路还没有连接，因此，最后是供电线路的走线以及理线环节。哪些硬件需要连接电源与主板呢？表 1-5 给出了需要连接主板或电源的硬件一览表。

表 1-5　需要连接主板或电源的硬件一览表

配件名称	是否需要连接主板	是否需要连接电源线
CPU	需要	需要
散热器	需要	
显卡	需要	需要
内存	需要	
硬盘	需要	需要

对机箱内部进行分析观察可知，目前只剩下 CPU、显卡、硬盘、主板还没有连接电源线，另外机械硬盘和固态硬盘还需要通过 SATA 数据线与主板连接。将电源线中的 4Pin 接口插入主板的 CPU 供电插槽。

机械硬盘和固态硬盘还需要连接电源线，另外还需要连接主板。这里要注意：硬盘接口方向需要统一朝向机箱正面的右侧，这样可以让线路更顺畅，方便理线。

至此，我们就完成了计算机内部硬件的供电线路以及数据线和理线操作，DIY 组装计算机就要完成了。

9. 机箱跳线的连接

最后进行的是主板跳线的连接，主要是将机箱中的电源键、重启键、USB 接口以及耳机接口与主板连接。只有连接好，才能通过机箱上的按钮控制计算机开关机，使用耳机和 USB 接口等。

机箱跳线的连接是装机新手最头痛的部分。由于前置面板插针采用了分别插针设计，所以需要分清楚开关机、重启、电源灯、硬盘指示灯这 4 个部分，分别接到对应的位置。主板上虽然没有标明，但在主板说明书上有清晰的图文指导，这里不作详细介绍。需要注意的是，硬盘灯和电源灯的插针需要按照正、负极连接，否则将没有响应。

DIY 装机到此时基本上就算大功告成了，接下来就是连接显示器及鼠标和键盘，这里不再详细说明。连接完之后，通上电源，就可以安装系统了。系统安装完成以后我们才能使用计算机，才能安装我们想要的软件来学习和娱乐。

1.3　操作系统的安装与更新

项目情境

田东鹏同学在熟悉计算机系统的组成结构以及计算机的常用设备后，开始组装属于自己的计算机，在购买了计算机所需硬件之后，开始学习制作 Windows10 操作系统的 U 盘启动盘，并安装计算机 Windows 10 操作系统，在使用一段时间后，对 Windows 10 操作系统进行更新升级。

实训目的

（1）能够制作 Windows 10 操作系统的 U 盘启动盘。

（2）能用 U 盘安装 Windows 10 操作系统。

（3）能够升级更新 Windows 10 操作系统。

1.3.1　制作 U 盘启动盘并安装 Windows 10

制作 Windows 10 的 U 盘启动盘的方法有很多，这里介绍直接使用微软公司提供的制作工具“Media Creation Tool”来实现。

首先登录“微软中国下载中心”，下载一款名为“Media Creation Tool”的工具，利用该工具可以制作 Windows 10 的 U 盘安装盘。直接通过 https://www.microsoft.com/zh-cn/software-download/windows10，快速进入“Windows 下载中心”，根据自己操作系统的位数选择相应的工具进行下载，打开的界面如图 1－38 所示。

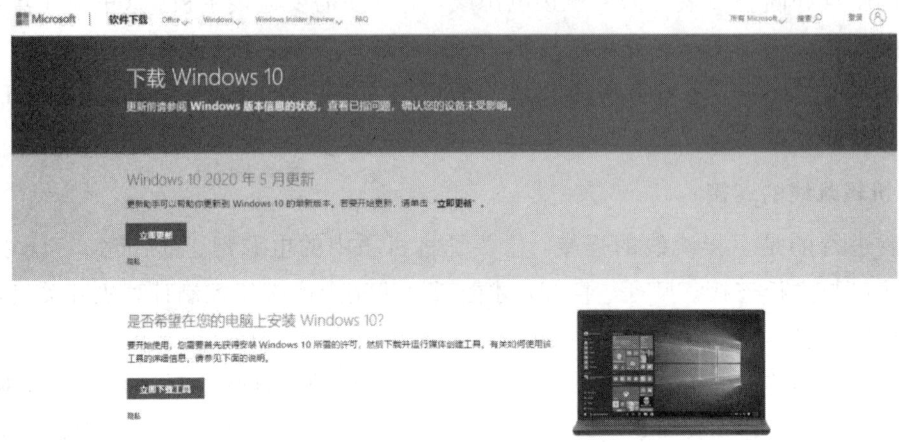

图 1－38 “Media Creation Tool”工具下载界面

待“Media Creation Tool”工具下载完成后，安装并运行此工具，在弹出的“Windows 10 安装程序”主界面中，选择“为另一台电脑创建安装介质(U 盘、DVD 或 ISO 文件)”，如图 1－39 所示。

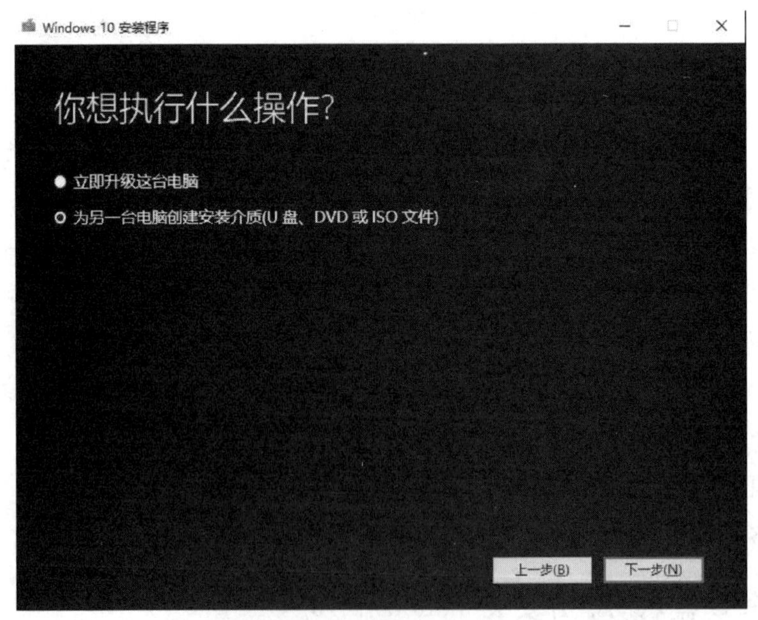

图 1－39 选择“为另一台电脑创建安装介质“界面

单击“下一步”按钮，在“选择语言、体系结构和版本”界面中，“语言”选择“中文(简体)”，同时根据实际情况选择“版本”和“体系结构”，如图 1－40 所示。

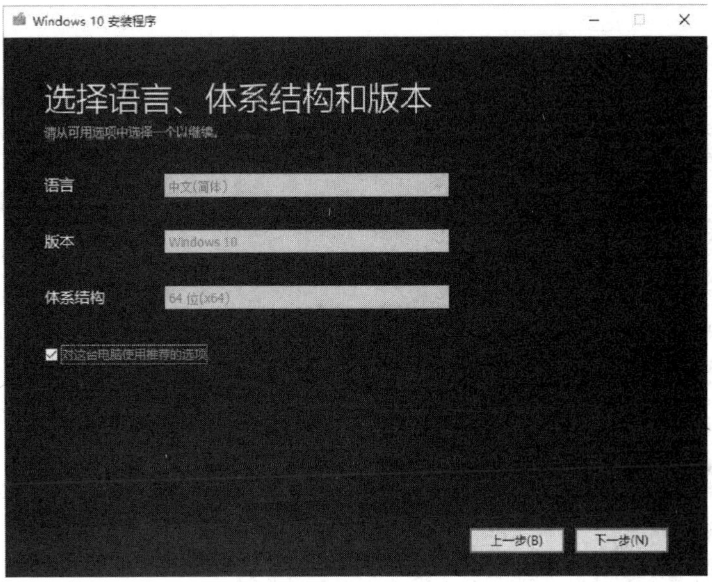

图 1－40　选择语言、体系结构和版本

单击“下一步”按钮，在打开的“选择要使用的介质”界面中选择“U 盘”，如图 1－41 所示。注意，U 盘至少要保留 8GB 空间。

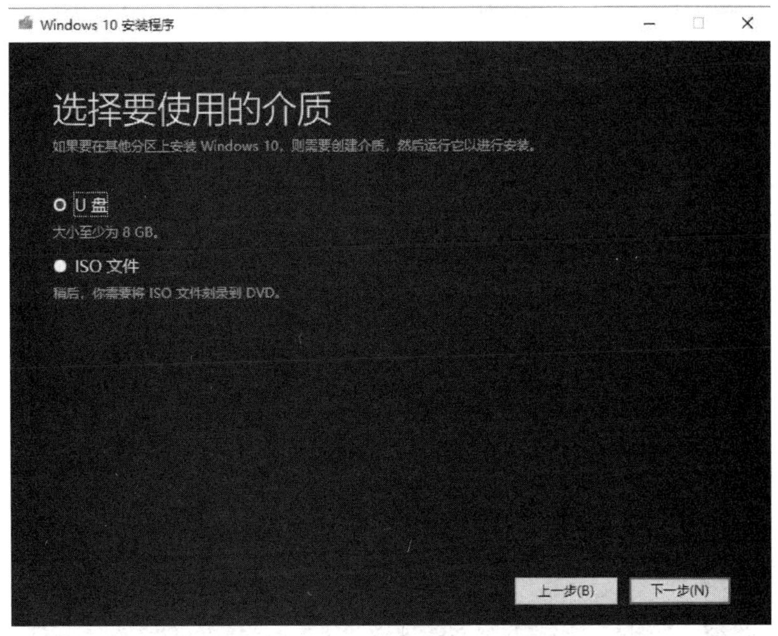

图 1－41　“选择要使用的介质”界面

单击“下一步”按钮，根据“Windows 10 安装程序”的提示，插入 U 盘，U 盘被正常识别后，如图 1－42 所示。

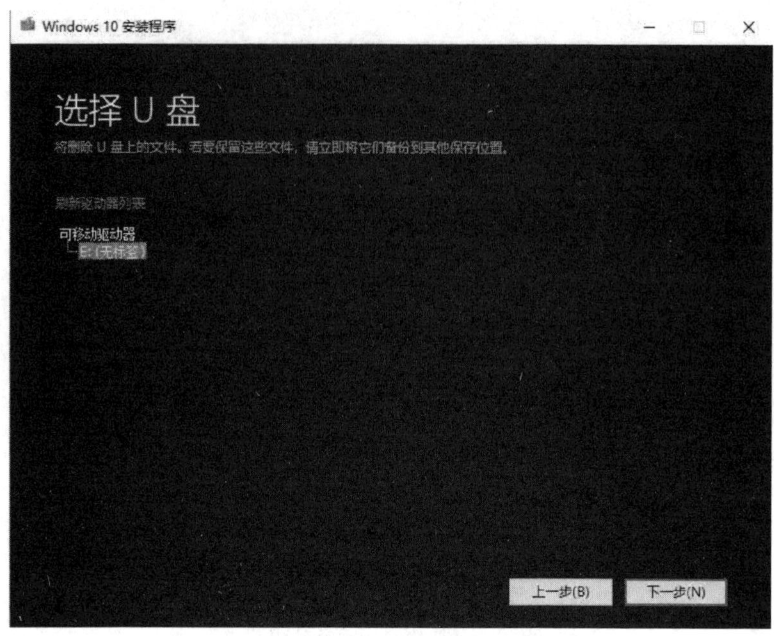

图 1-42　U 盘被正常识别

单击“下一步”按钮，“Windows 10 安装程序”将自动下载 Windows 10 系统到 U 盘，同时将 U 盘制作成一个具有启用功能的 Windows 10 安装盘，如图 1-43 所示。

图 1-43　“正在下载 Windows 10”操作系统界面

耐心等待 Windows 10 U 盘启动盘制作完成后，将其插入目标计算机中，读取 U 盘后，双击其中的“setup. exe”程序，即可启动 Windows 10 安装操作，如图 1-44 所示。

图 1-44　setup.exe 安装程序

进入 Windows 10 操作系统安装界面，如图 1-45 所示。接下来根据提示操作即可完成 Windows 10 系统的安装操作。

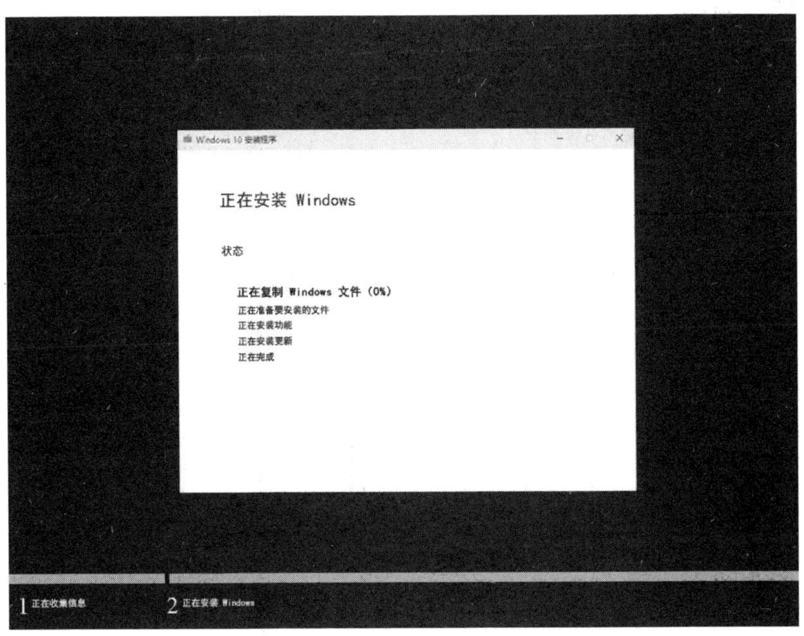

图 1-45　Windows 10 操作系统安装界面

此后，Windows 10 安装程序至少要重启两次计算机，耐心等待 30 分钟左右将进入后续设置。等待 Windows 10 进行应用设置后，即完成 Windows 10 操作系统的安装，安装完成界面如图 1－46 所示。

图 1－46　Windows 10 安装完成界面

对于没有接触过的用户，对 U 盘启动工具的制作方法可能会觉得困难，但现在有很多工具能够一键完成表格盘制作，而且方法也有很多种，读者可参考相关资料。

1.3.2　更新升级 Windows 10

更新升级是指将当前系统中的一些内容(可自选)迁移到 Windows 10 中，并替换当前系统。升级系统的方法和工具有很多，下面通过微软公司提供的制作工具“Media Creation Tool”来完成。

我们在待升级的 Windows10 中直接运行“Media Creation Tool”更新工具，如图 1－47 所示。

图 1－47　“Media Creation Tool”工具

点击“立即更新”按钮后，系统就会检查安装环境。检查完成后，安装程序会列出当前系统的版本和最新版本，如图 1－48 所示。

图 1－48　"立即更新"界面

再次单击"立即更新"按钮，系统自动执行下载程序，下载 Windows 10 操作系统并进入更新状态，如图 1－49 所示。

图 1－49　Windows 10 更新进行中

等待更新准备就绪后，需要重新启动电脑，通常情况下完成更新需要90分钟左右，点击“立即重新启动”按钮，如图1-50所示，完成升级更新Windows 10操作系统。

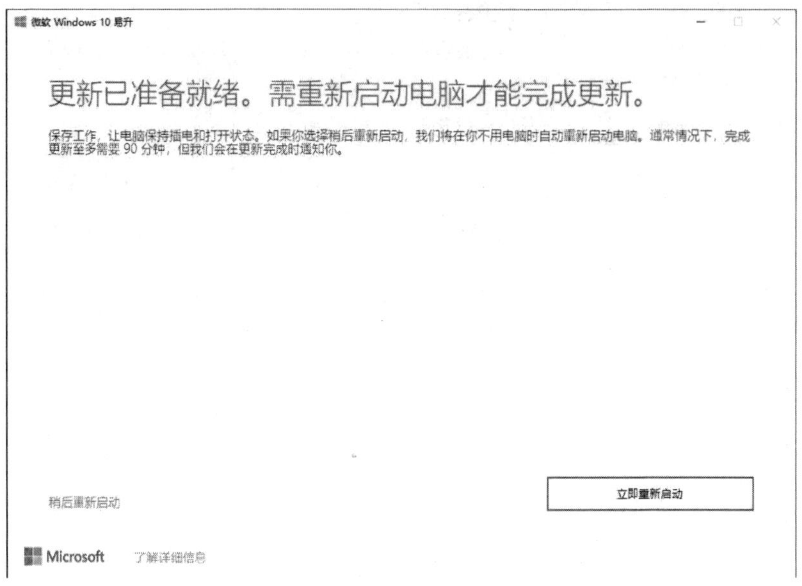

图1-50　重启电脑完成更新

1.4　远程登录与共享打印机

项目情境

田东鹏同学通过自己的不懈努力，在老师和同学的相互帮助下，自己成功组装了一台计算机。在使用计算机的过程中，有时候需要资源共享，在两台电脑之间传输数据，有时还需要把所需资料打印出来，因此，田东鹏同学找来相关资料，学习远程登录及打印机的使用方法。

实训目的

(1) 能够远程连接两台电脑。

(2) 能够设置打印机共享。

1.4.1　远程登录

远程登录是一个UNIX命令，它允许授权用户进入网络中的其他UNIX机器并且就像用户在现场操作一样。一旦进入主机，用户可以操作主机允许的任何事情，比如：读取文件、编辑文件或删除文件等。

在Windows 10操作系统中，按住Win+R键，打开运行框输入mstsc，如图1-51所示。

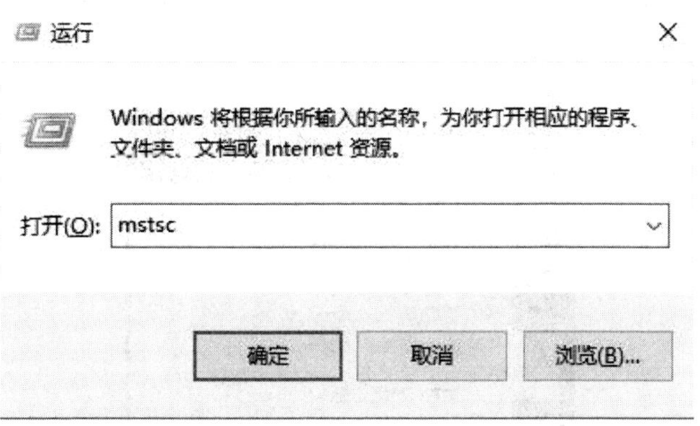

图 1－51　系统运行框

点击“确定”按钮，进入“远程桌面连接”面板，在空白框内输入要远程连接的 IP 地址，如图 1－52 所示。按回车键，可以看到计算机正在尝试远程连接，如图 1－53 所示。

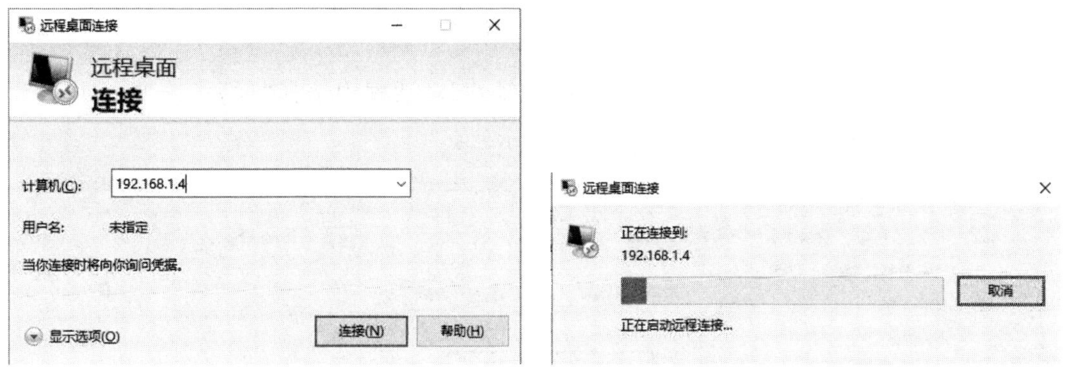

图 1－52　远程桌面连接　　图 1－53　启动远程连接

稍后，会弹出错误警报框，终止了远程连接的进程，如图 1－54 所示，这是因为另一台计算机并未允许远程桌面连接的缘故。

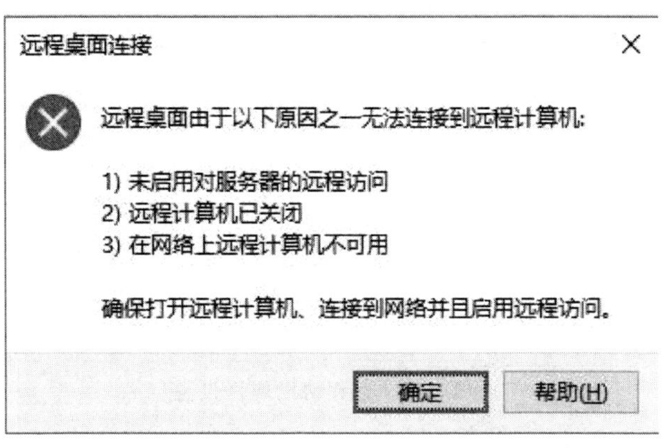

图 1－54　错误警报框

此时，在所要远程登录的计算机桌面的“此电脑”上点击鼠标右键，在弹出的菜单中选择“属性”，如图 1－55 所示。

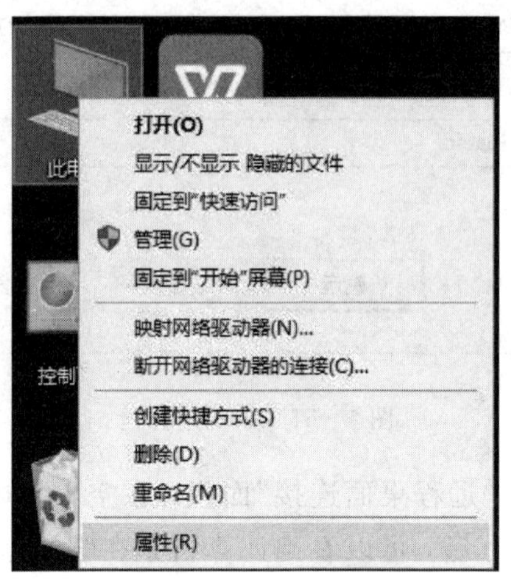

图 1－55　此电脑属性

再点击“高级系统设置”，在弹出的“系统属性”对话框中选择“远程”选项，勾选“允许远程协助连接这台计算机”，如图 1－56 所示。

图 1－56　远程协助属性设置

点击“确定”按钮，退出“系统属性”对话框后，回到另一台计算机上，再次输入刚才设置的计算机的 IP 地址，两台计算机就能够建立远程连接。

1.4.2 共享打印机

打印机在我们学习和工作中都是经常用到的一个外部设备，共享打印机是指打印机通过数据线连接某一台计算机设置共享后，局域网中的其他计算机就可以使用此打印机。那么在一个局域网里面，Windows10 如何设置才能实现打印机资源共享。

正确连接打印机与计算机之后，在控制面板中选择“查看设备和打印机”，如图 1-57 所示。

图 1-57 查看设备和打印机

在“设备和打印机”窗口中，选择一台你想要共享的打印机，然后在右键选项中选择“打印机属性”，如图 1-58 所示。

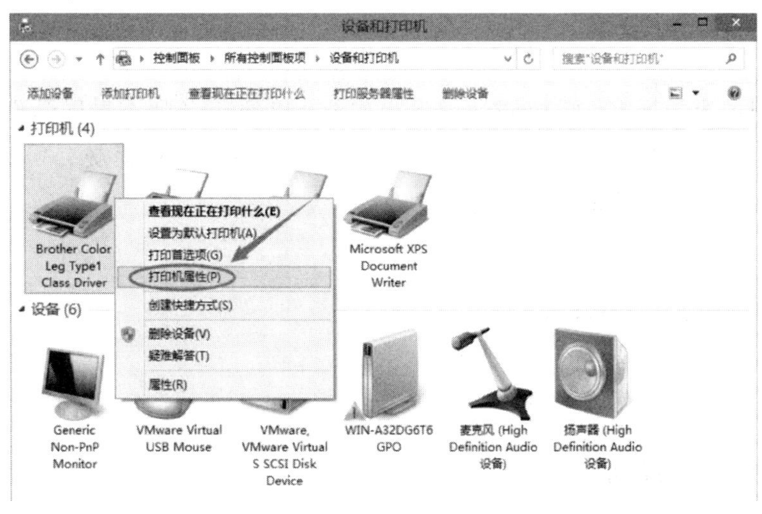

图 1-58 选择打印机属性

打开打印机“属性”对话框，点击“共享”选项卡，勾选“共享这台打印机”复选框，如图 1-59 所示。

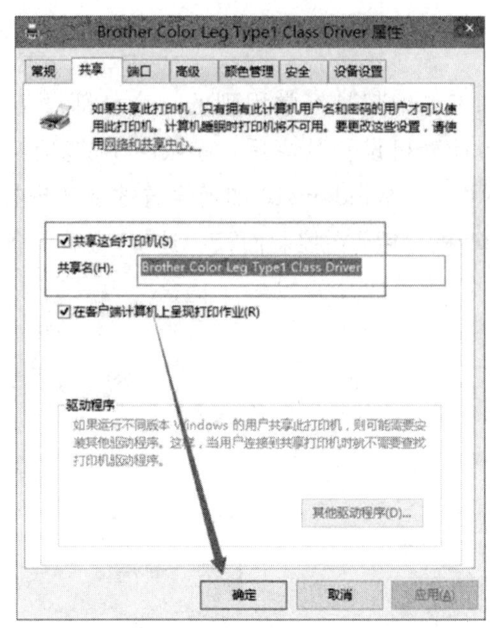

图 1-59 勾选打印机共享复选框

点击"确定"按钮，则打印机共享设置完成，其他计算机就能通过局域网访问和使用这台共享打印机了。

1.5 网络教学平台的使用

项目情境

随着学习内容的增多，需要同学们提交作业，以便于老师查看同学们对知识掌握理解的程度。学生的平时作业和测验都需要通过网络平台进行提交。本节首先介绍邯郸学院网络教学平台的注册和使用方法。

实训目的

(1) 掌握网络教学平台的注册方法。

(2) 掌握网络教学平台的登录方法。

(3) 熟悉课程资源存放路径。

1.5.1 网络平台的注册

由于兼容性问题，进入平台时我们一般不用 IE(Internet Explorer)浏览器，而用猎豹或者火狐浏览器。在网页地址栏输入：211.82.207.211，如图 1-60 所示。

图 1-60　网页地址栏

按回车键后进入“邯郸学院校级课程平台”界面，如图 1-61 所示。

图 1-61　邯郸学院校级课程平台

点击“新用户注册”，进入注册界面，如图 1-62 所示。

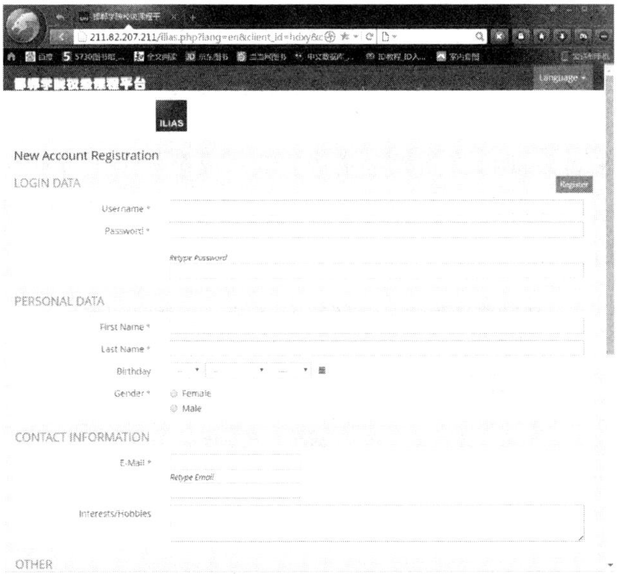

图 1-62　“新用户注册”界面

输入注册信息，新用户一定要用学号注册，密码和邮箱需输入两次并且一致，填完后单击注册按钮即可完成注册。密码要简单且容易记住，一定要填写真实的邮箱地址，忘记密码时点击图 1 - 61 新用户注册后的“忘记了密码”，出现找回密码对话框，输入用户名和邮箱地址，系统会把重置的密码发送到邮箱中；“忘记了用户名”，还要你输入邮箱地址，以便告诉你正确的用户名信息；还有作业反馈信息也会发送到所填写的邮箱地址。

1.5.2　网络平台的登录

完成网络教学平台的注册后，进行再次登录。首先打开浏览器，输入网址“211.82.207.211”按回车键，进入平台登录界面；其次，输入用户名和密码，点击“Login”按钮，即可实现登录平台。登录界面如图 1 - 63 所示。

Language

ILIAS

课程平台用户使用说明：

一、此平台为邯郸学院课程平台，需要登录考试平台请移步考试平台。

二、注册要求：
教师用户必须使用标准8位工号注册，学生用户必须使用标准14位学号注册。

三、密码重置：
1、自助重置：
本页面下方点击“忘记了密码？”，打开页面后输入账号和注册时填写的邮箱，系统会发送一封带有重置密码链接的邮件到邮箱。
如邮箱无法收到重置密码的邮件，请使用申请重置。
2、申请重置：
（1）教师用户：通过数字校园的协同办公系统发邮件申请密码重置，密码重置邮箱地址请电话联系网络中心获取。
（2）学生用户：携带学生证或一卡通至图书馆北二楼DJ221申请重置，时间为每周一、周四15:00-17:00，其他时间不受理。重置密码统一为"abc"+"手机后四位"。

四、学生账号被抢注处理方案：同"密码重置"下"申请重置"流程，重置密码统一为"abc"+"1234"。

五、平台管理员会每周定期清理不合规范的用户名并删除，由此造成的信息及成绩丢失等不良后果由注册者个人承担。

LOGIN TO ILIAS
Username *
Password *
* Required
Login

网络平台登录

New Account Registration　Forgot your password?　Forgot your username?

图 1 - 63　网络平台登录界面

登录网络教学平台后即可查阅教学资源、学习成绩、作业布置等。

如《信息技术基础》课程资源的存放路径为：邯郸学院→教学资源→实训中心课程目录→《信息技术基础》课程资源中，如图 1 - 64 所示。

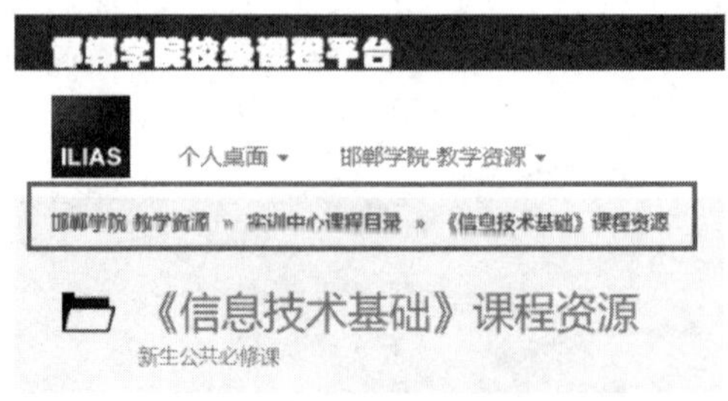

图 1 - 64　《信息技术基础》课程资源存放路径

第 2 章　操作系统与 Windows 10

2.1　管理 Windows 10 用户账户

项目情境

一台计算机，尤其是办公计算机，不可能总是一个人使用，这时候就需要添加用户账户。技术部张无极工程师决定使用 Microsoft 账户登录系统，把个人的设置和使用习惯同步到云端(One Drive)，从而在其他设备(PC、平板电脑、手机)上使用同一 Microsoft 账户登录系统，提高工作效率。

实训目的

(1) 掌握注册并登录 Microsoft 账户的操作方法。

(2) 掌握管理 Windows 10 本地账户的方法。

2.1.1　注册并登录 Microsoft 账户

在 Windows 10 中，系统集成了很多 Microsoft 服务，都需要使用 Microsoft 账户才能使用。使用 Microsoft 账户可以登录并使用任何 Microsoft 应用程序和服务，如 Outlook.com、Hotmail、Office 365、One Drive、Skype、Xbox 等，而且登录 Microsoft 账户后，还可以在多个 Windows 10 设备上同步设置内容。

进入“Windows 设置”界面，如图 2-1 所示。选择“账户”，继续选择“电子邮件和账户”，如图 2-2 所示。

设置

Windows 设置

查找设置

系统
显示、声音、通知、电源

设备
蓝牙、打印机、鼠标

手机
连接 Android 设备和 iPhone

网络和 Internet
WLAN、飞行模式、VPN

个性化
背景、锁屏、颜色

应用
卸载、默认应用、可选功能

帐户
你的帐户、电子邮件、同步设置、工作、家庭

时间和语言
语音、区域、日期

游戏
游戏栏、截屏、直播、游戏模式

轻松使用
讲述人、放大镜、高对比度

Cortana
Cortana 语言、权限、通知

隐私
位置、相机

更新和安全
Windows 更新、恢复、备份

图 2-1　进入“Windows 设置”界面

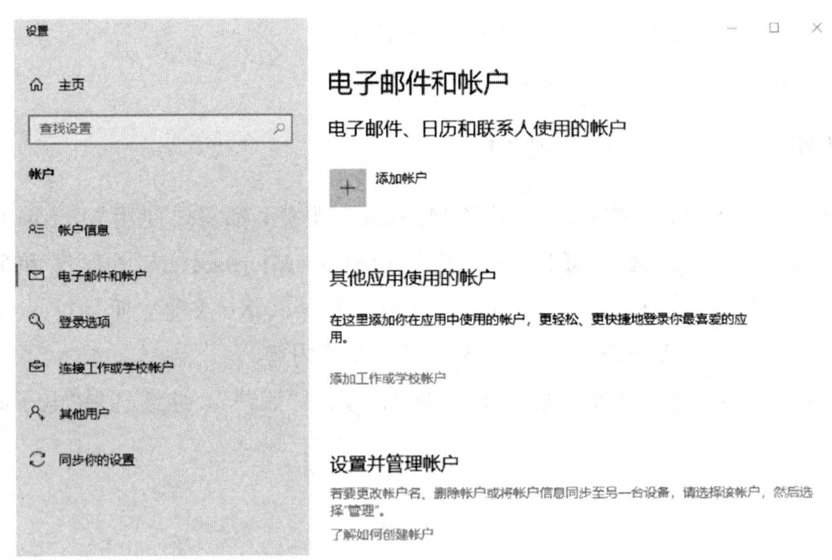

图 2-2　“电子邮件和账户”界面

单击“添加账户”，弹出如图 2-3 所示的“登录”对话框，选择“Outlook.com”账户。

图 2-3　“登录”对话框

输入新账户的电子邮件地址，需要微软 Outlook 邮箱或 Hot mail 邮箱，如果没有，则单击“获取新的电子邮件地址”，转到“创建账户”界面，如图 2-4 所示。

图 2-4　“创建账户”界面

选择“改为使用电话号码”单击“下一步”按钮，输入电话号码，然后单击“下一步”按钮，如图 2-5 所示，设置好密码。安全信息能够帮助找回密码，所以必须记住。

单击“下一步”按钮，填写验证码，下面的两个复选项均与 Microsoft Advertising 微软广告有关，可不选。单击“下一步”按钮，显示“添加用户”完成页面。

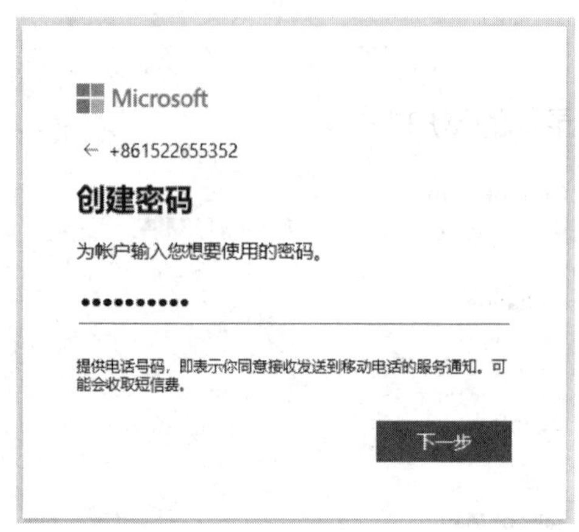

图 2-5　创建密码

单击“完成”按钮，即可完成该账户的添加，这时会返回“电脑设置”的“管理其他用户”界面，可看到刚刚添加的用户。

Microsoft 账户创建后，重启计算机登录时，需输入 Microsoft 账户的密码，进入计算机桌面时，One Drive 也会被激活。

2.1.2　管理 Windows 10 本地账户

如果需要为同事加一个临时使用计算机的账户，那么就需要添加一个本地账户。

右击“开始”菜单，在弹出的快捷菜单中选择“计算机管理”命令，如图 2-6 所示。

图 2-6　计算机管理

在“计算机管理”窗口的左边栏中单击“本地用户和组”栏，如图 2-7 所示。

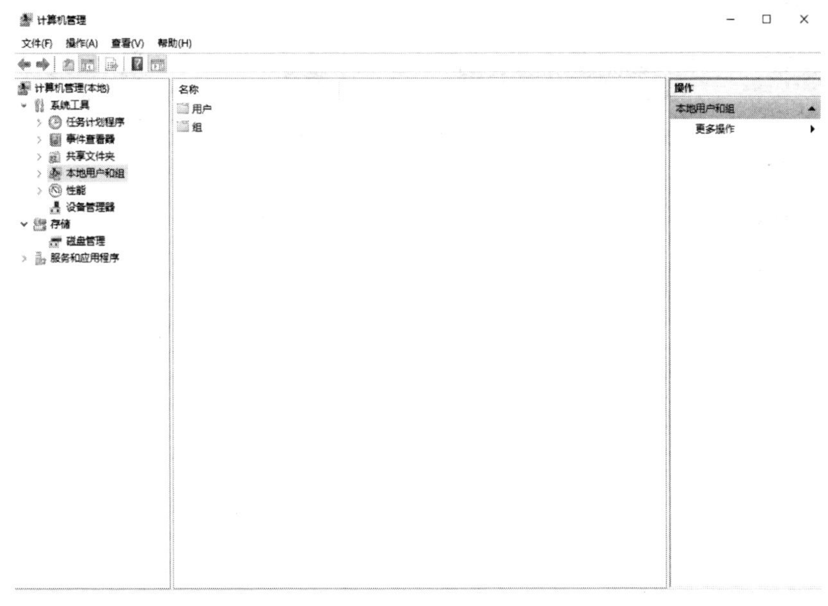

图 2-7　“本地用户和组”栏

在右窗格中双击打开“用户”一栏，如图 2-8 所示。即可看到那些熟悉的本地用户，我们可以在这里添加新用户，也可以启用被禁用的用户。这里以启用被系统禁用的 Administrator 用户为例。如图 2-9 所示，右击这个用户，在弹出的快捷菜单中选择“属性”命令，打开“Administrator 属性”对话框如图 2-10 所示。

图 2-8　“用户”栏

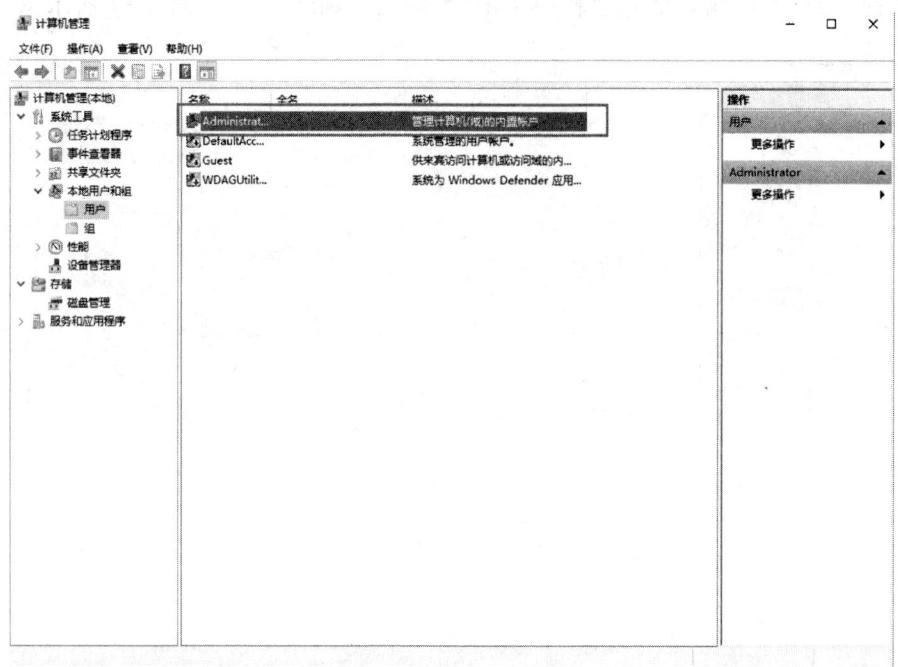

图 2-9 Administrator 用户

图 2-10 “Administrator 属性”对话框

取消勾选“账户已禁用”复选项，再单击“确定”按钮。

如果想要添加一个新账户，则在空白处右击，即可看到添加新用户的对话框，如图 2-11 所示。

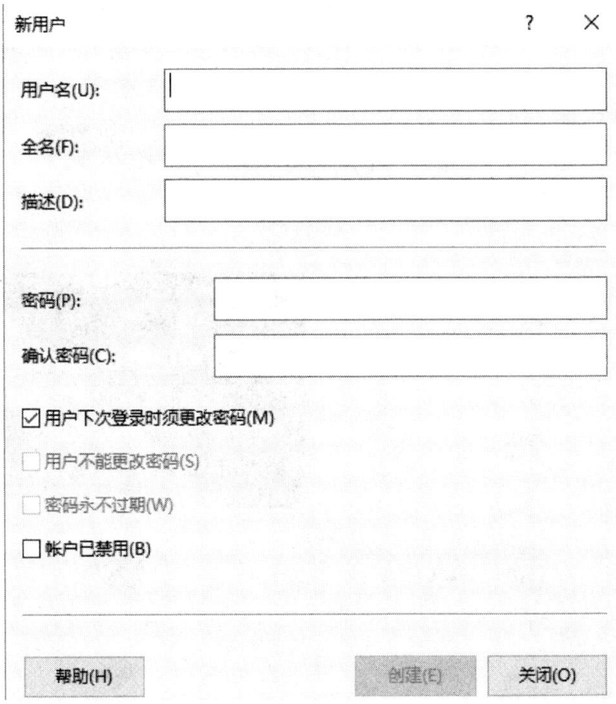

新用户 ? ×
用户名(U):
全名(F):
描述(D):
密码(P):
确认密码(C):
☑ 用户下次登录时须更改密码(M)
☐ 用户不能更改密码(S)
☐ 密码永不过期(W)
☐ 帐户已禁用(B)
帮助(H)　创建(E)　关闭(O)

图 2-11 "新用户"对话框

接下来注销账户，在欢迎界面即可看到刚刚启用或新添加的本地用户了。当新用户首次登录时，系统会自动安装一些应用软件，请耐心等待。

2.2 常用工具软件的安装与卸载

项目情境

技术部张无极工程师在给公司计算机安装 Windows 10 操作系统后，还需要为相关计算机安装一些常用的工具软件，卸载不常用的软件以便释放计算机的空间资源。其中，有些计算机要求安装 360 安全卫士以增强系统的安全性，安装 Win RAR 软件进行文件的压缩/解压缩，还要针对其他同事的个性化要求安装或卸载各类软件工具。

实训目的

(1) 掌握常用软件的下载及安装方法。

(2) 掌握软件的卸载操作。

2.2.1　安装 360 安全卫士、WinRAR 等软件

要安装 360 安全卫士软件，需先上网把它下载到本地计算机，其下载界面如图 2-12 所示。

图 2-12　360 安全卫士下载界面

将软件下载到本地计算机后，单击“同意并安装”按钮，执行默认安装，如图 2-13 所示；也可以自定义安装，如图 2-14 所示。安装过程如图 2-15 所示。

图 2-13　360 安全卫士的安装界面

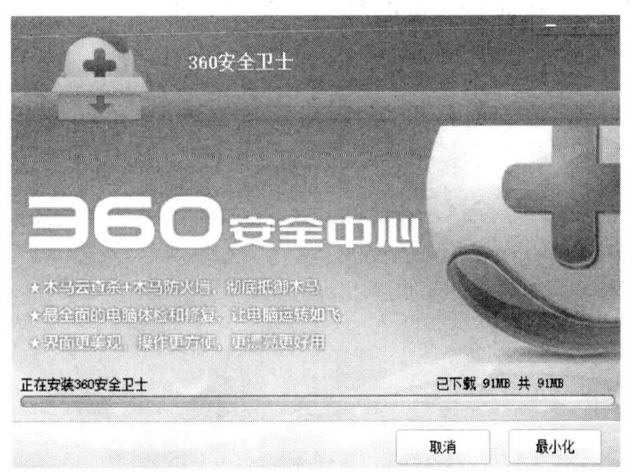

图 2-14　自定义安装界面

图 2-15　360 安全卫士安装过程界面

安装完成后，界面如图 2-16 所示。

图 2-16　360 安全卫士安装完成界面

单击 360 安全卫士主界面的“立即体检”按钮，将进行计算机的全面检查，如图 2－17 所示。

图 2－17　360 软件的电脑体检界面

全面扫描会完美地把计算机的软件、系统全部查杀一遍。检查出系统异常项以及可能影响计算机的开机启动项，从而检查计算机存在的问题，清理系统垃圾，让计算机的运行更加流畅、健康。

使用上述相同的方法下载压缩工具 WinRAR(http：/www. winrar. com. cn/)，如图 2－18 所示。具体的安装方法可参考 360 安全卫士的安装。

图 2－18　下载 WinRAR 界面

2.2.2　卸载 360 安全卫士软件

通常我们用“控制面板”进行计算机软件的卸载。

首先，在 Windows 10 系统桌面上右击左下角的计算机图标，在弹出的快捷菜单中单击“控制面板”，如图 2-19 所示。

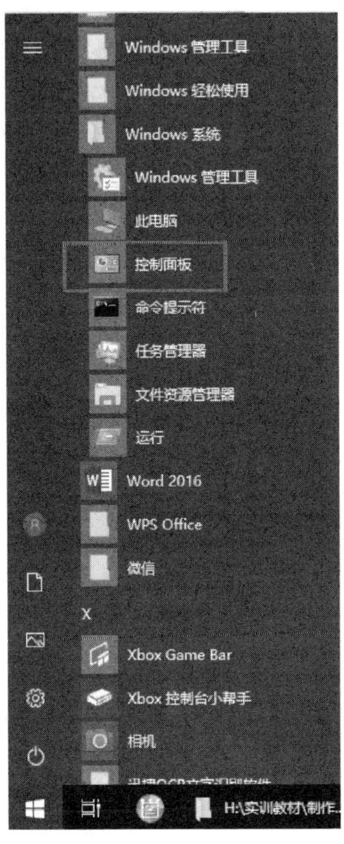

图 2-19　计算机属性界面

在打开的系统属性窗口中，单击左上角的“控制面板”窗口，如图 2-20 所示。要快速打开 Windows 10 系统的“控制面板”，还可以在“开始”菜单的搜索框中输入“控制面板”，单击“搜索”按钮。

在打开的控制面板窗口中单击左下角“程序和功能”中的“卸载或更改程序”，如图 2-21 所示。

在卸载程序窗口，找到需要卸载的程序软件——360 安全卫士，在上面的菜单栏中单击“卸载/更改”按钮，再在弹出的窗口中单击“卸载”按钮即可。

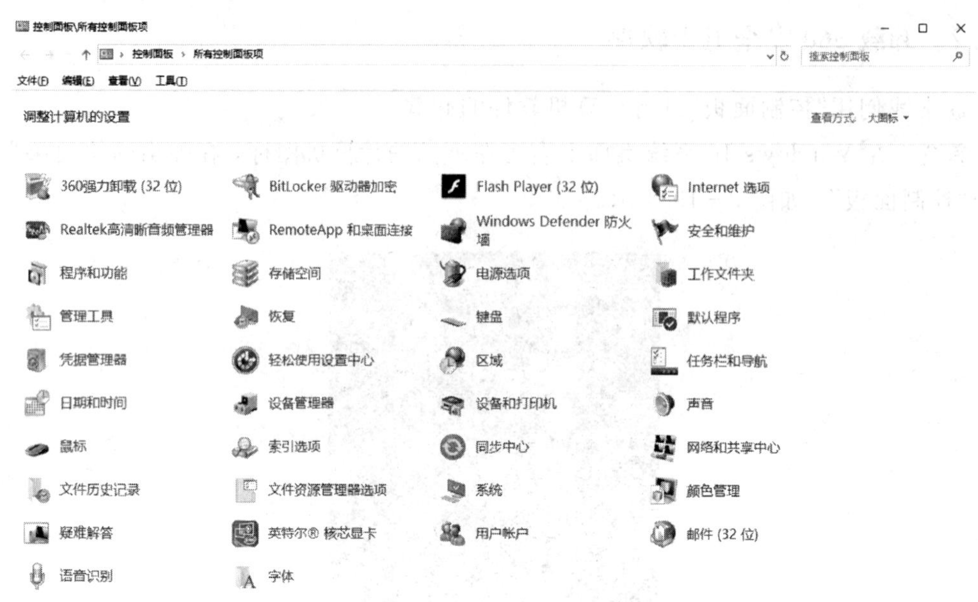

图 2-20　“控制面板”界面

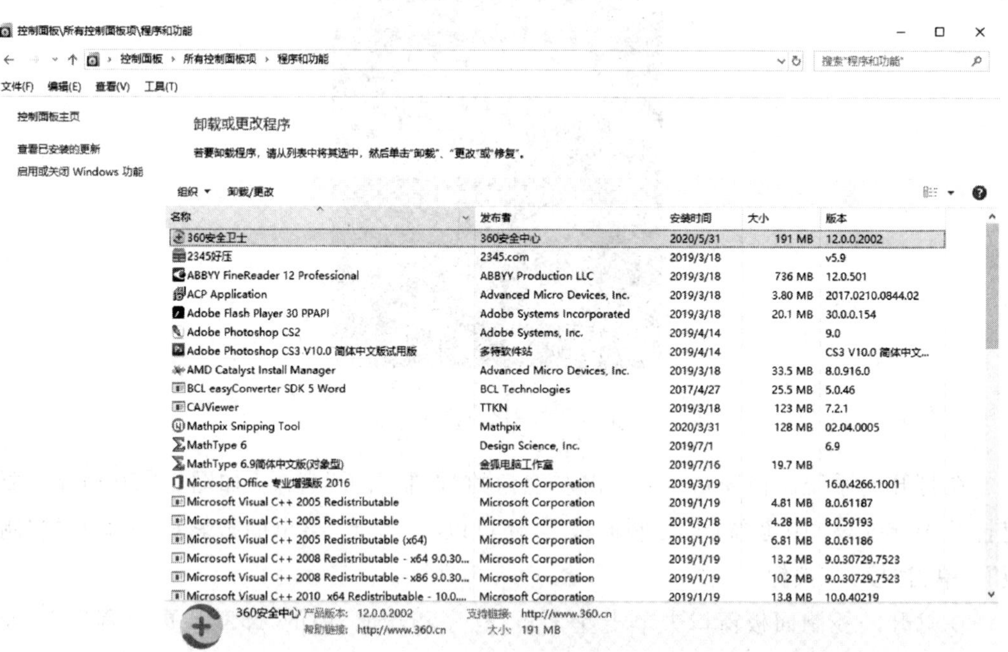

名称	发布者	安装时间	大小	版本
360安全卫士	360安全中心	2020/5/31	191 MB	12.0.0.2002
2345好压	2345.com	2019/3/18		v5.9
ABBYY FineReader 12 Professional	ABBYY Production LLC	2019/3/18	736 MB	12.0.501
ACP Application	Advanced Micro Devices, Inc.	2019/3/18	3.80 MB	2017.0210.0844.02
Adobe Flash Player 30 PPAPI	Adobe Systems Incorporated	2019/3/18	20.1 MB	30.0.0.154
Adobe Photoshop CS2	Adobe Systems, Inc.	2019/4/14		9.0
Adobe Photoshop CS3 V10.0 简体中文版试用版	多特软件站	2019/4/14		CS3 V10.0 简体中文...
AMD Catalyst Install Manager	Advanced Micro Devices, Inc.	2019/3/18	33.5 MB	8.0.916.0
BCL easyConverter SDK 5 Word	BCL Technologies	2017/4/27	25.5 MB	5.0.46
CAJViewer	TTKN	2019/3/18	123 MB	7.2.1
Mathpix Snipping Tool	Mathpix	2020/3/31	128 MB	02.04.0005
MathType 6	Design Science, Inc.	2019/7/1		6.9
MathType 6.9简体中文版(对象型)	金佩电脑工作室	2019/7/16	19.7 MB	
Microsoft Office 专业增强版 2016	Microsoft Corporation	2019/3/19		16.0.4266.1001
Microsoft Visual C++ 2005 Redistributable	Microsoft Corporation	2019/1/19	4.81 MB	8.0.61187
Microsoft Visual C++ 2005 Redistributable	Microsoft Corporation	2019/3/18	4.28 MB	8.0.59193
Microsoft Visual C++ 2005 Redistributable (x64)	Microsoft Corporation	2019/1/19	6.81 MB	8.0.61186
Microsoft Visual C++ 2008 Redistributable - x64 9.0.30...	Microsoft Corporation	2019/1/19	13.2 MB	9.0.30729.7523
Microsoft Visual C++ 2008 Redistributable - x86 9.0.30...	Microsoft Corporation	2019/1/19	10.2 MB	9.0.30729.7523
Microsoft Visual C++ 2010 x64 Redistributable - 10.0....	Microsoft Corporation	2019/1/19	13.8 MB	10.0.40219

图 2-21　“卸载或更改程序”窗口

2.3　文件与文件夹的管理

项目情境

张无极是海纳百川科技有限公司的职员，之前在 D 盘根目录下创建了“招聘信息.docx”“公司员工名单.xlsx”“软件序列号.txt”和“员工照片.bmp”等 4 个文件。后来，随着工作的增多，文件也越来越多，为了管理方便，他想对文件进行分类存放。于是他在 E 盘根目录下建立了“办公”和“下载”两个文件夹，并在“办公”文件夹中建立了“Excel”和“Word”两个文件夹，分别存放 Excel 和 Word 文档。在“下载”文件夹中建立了“软件”和“图片”文件夹，结构如图 2-22 所示。

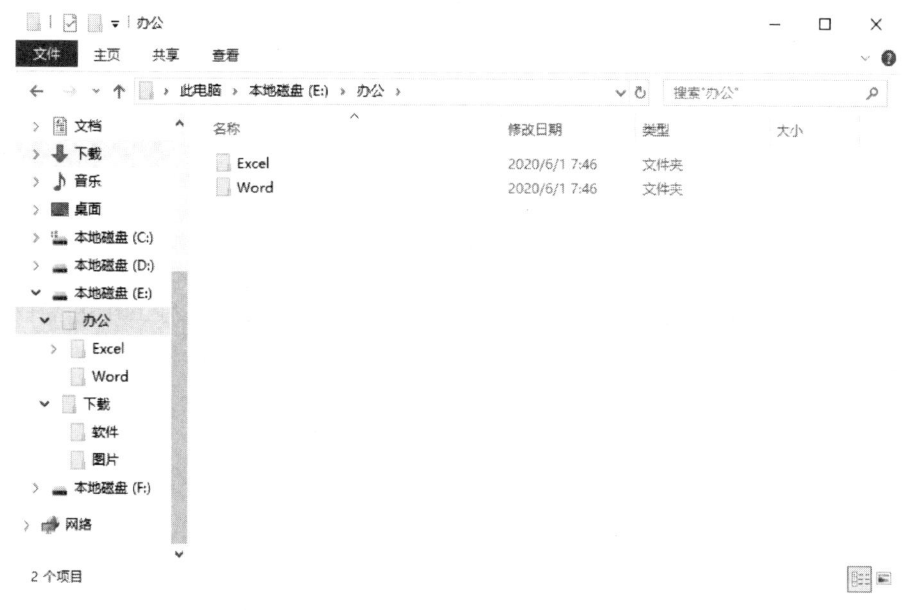

图 2-22　文档结构

接着，他将文件“招聘信息.docx”复制到“Word”文件夹中；将文件“公司员工名单.xlsx”的文件属性修改为“只读”，并移动到“Excel”文件夹中；将文件“软件序列号.txt”移动到“软件”文件夹中，并将文件名修改为“软件 sn 号”；将文件“员工照片.bmp”删除。

实训目的

(1) 掌握 Windows 10 环境下文件、文件夹的新建、移动、重命名、删除等基本操作。

(2) 掌握 Windows 10 环境下文件只读、隐藏、存档属性的修改。

2.3.1 利用“此电脑”窗口新建文档

双击桌面上的“此电脑”图标，弹出如图 2-23 所示窗口。

图 2-23　“此电脑”窗口

双击“本地磁盘(D：)”盘符，打开 D 盘窗口。将鼠标移动到窗口工作区空白处，右击，在弹出的快捷菜单中选择“新建”—“文本文档”，如图 2-24 所示。

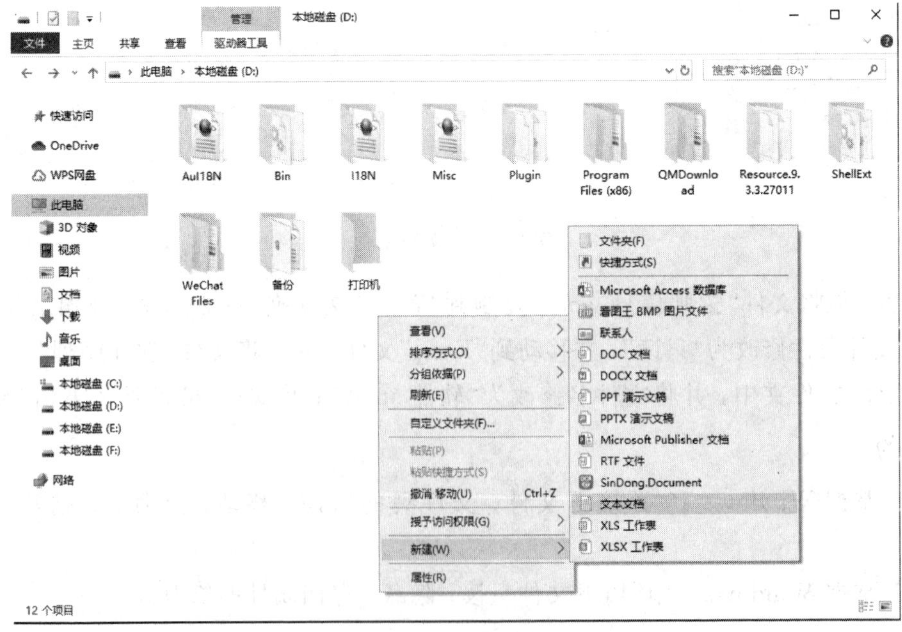

图 2-24　新建文本文档菜单

D 盘窗口内出现一个新的文本文档图标，图标下方有一个包含文件名的文本框，默认名称为“新建文本文档”，切换到中文输入法，在文本框中输入“软件序列号”，按 Enter 键确定，如图 2－25 所示。

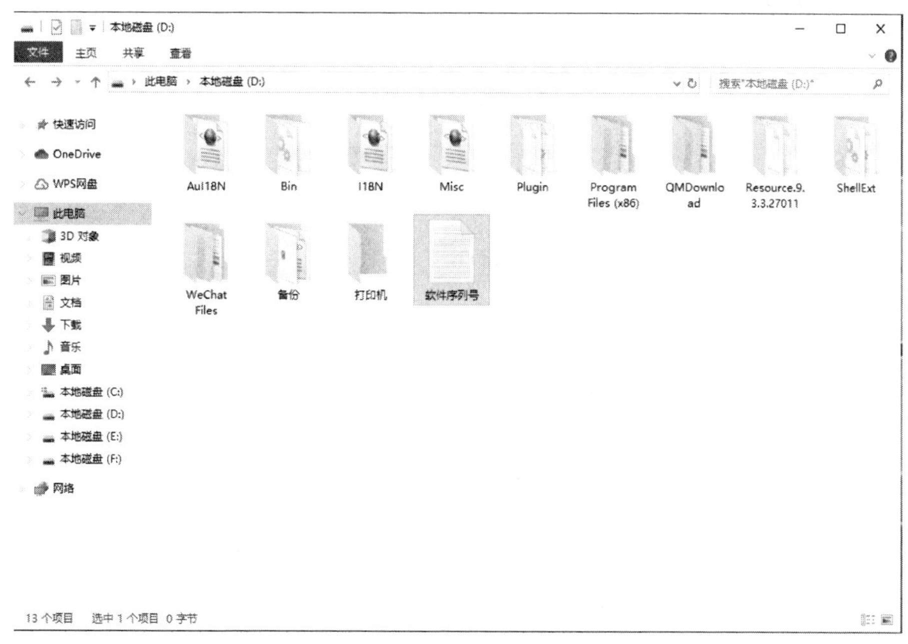

图 2－25　新建文本文档

使用相同的操作方法，在窗口中新建一个 BMP 图像文件，并将其文件名称修改为“员工照片”，如图 2－26 所示。

图 2－26　新建 BMP 文件

单击D盘窗口工具栏的工具“主页”，显示“主页”工具栏，如图2-27所示。单击工具栏的“新建项目”按钮，选择“Microsoft Word 文档”，如图2-28所示，即可在D盘新建一个Word文档，默认名称为“新建 Microsoft Word 文档”。在文本框中输入“招聘信息”，按Enter键确定。

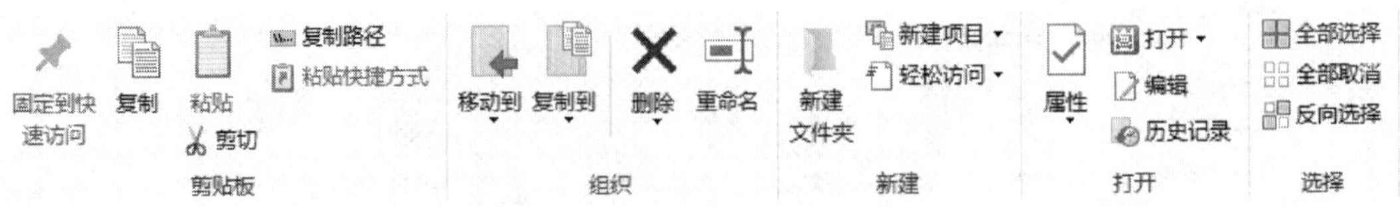

图2-27 窗口“主页”工具栏

图2-28 新建 Word 文档

使用相同的方法，在窗口中新建一个 Microsoft Excel 工作表，并将其名称修改为“公司员工名单”。至此，新建文档工作结束。

2.3.2 利用文件资源管理器建立文件夹路径结构

单击任务栏上的“文件资源管理器”，打开文件资源管理器。在导航窗格中单击“本地磁盘(E:)”，打开E盘窗口。单击标题栏按钮，在E盘文件窗格中出现一个新的文件夹图标，默认名称为“新建文件夹”，如图2-29所示。在文本框中输入文件夹的名称“办公”，按Enter键确定。

图 2-29　新建文件夹

右击窗口的空白区域，在弹出的快捷菜单中选择“新建”—“文件夹”命令，如图 2-30 所示，创建一个新的文件夹，然后输入新建文件夹的名称“下载”。单击窗口的空白区域，确认文件夹的名称。

图 2-30　新建文件夹菜单(a)

在左侧导航窗口中选择“办公”文件夹，右击鼠标，在弹出的快捷菜单中选择“新建”—“文件夹”命令，在“办公”文件夹下建立二级文件夹，默认名称为“新建文件夹”，修改名称为“Word 文”，如图 2-31 所示。

图 2-31 新建文件夹菜单(b)

参照上述方法，在“办公”文件夹中建立“Excel”文件夹，在“下载”文件夹中建立“软件”和“图片”文件夹，如图 2-32 所示。

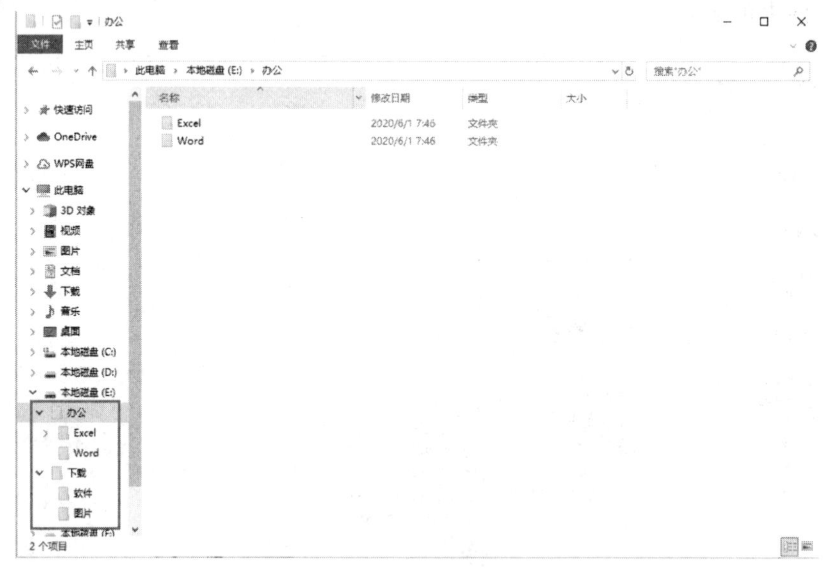

图 2-32 建立文件夹路径结构

2.3.3 管理文件

在文件资源管理器的导航窗格中，选择“本地磁盘(D:)”，并在其文件窗格中选中文件“招聘信息.docx”，右击鼠标，在弹出的快捷菜单中选择“复制”命令，如图 2-33 所示。

图 2-33　复制文件“招聘信息.docx”

在导航窗格中选择 E 盘根目录下“办公”文件夹中的“Word 文档”文件夹，右击鼠标，在弹出的快捷菜单中选择“粘贴”命令，如图 2-34 所示，完成对文件“招聘信息.docx”的复制操作。

图 2-34　粘贴文件“招聘信息.docx”

在文件窗格中选中“公司员工名单.xlsx”，右击鼠标，在弹出的快捷菜单中选择“属性”命令，弹出“公司员工名单.xlsx 属性”对话框，如图 2－35 所示。在“属性”栏选中“只读”复选框，并单击“确定”按钮，完成文件的属性设置。

图 2－35 “公司员工名单.xls x 属性”对话框

保持对文件“公司员工名单.xlsx”的选中状态，按 Ctrl＋X 组合键，然后在导航窗格中单击 E 盘中“办公”文件夹中的“Excel”文件夹，再按 Ctrl＋V 组合键，完成文件的移动操作，如图 2－36 所示。

图 2－36 移动文件“公司员工名单.xlsx”

右击文件“软件序列号”的图标，从弹出的快捷菜单中选择“剪切”命令，如图 2-37 所示。单击“下载”文件夹中的“软件”文件夹，右击文件窗格的空白区域，从弹出的快捷菜单中选择“粘贴”命令。

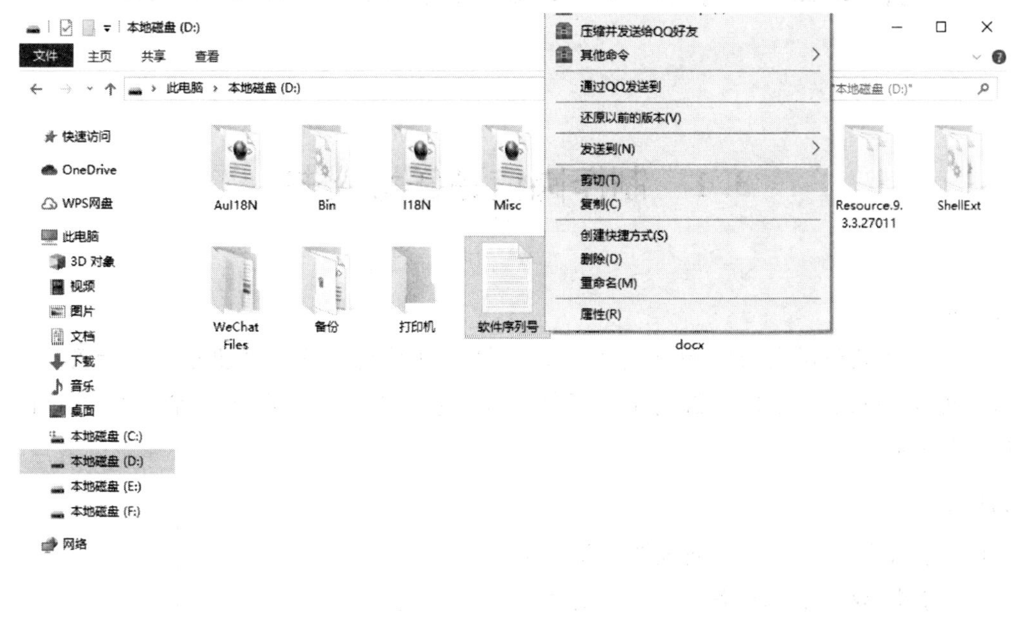

图 2-37　剪切文件“软件序列号”

在文件窗格中右击文件“软件序列号”，从弹出的快捷菜单中选择“重命名”命令，使文件的名称处于选中状态，然后在“软件”二字后单击，将序列二字删除，切换到英文输入法，输入“sn”，按 Enter 键确定。

在文件窗格中单击文件“员工照片”，然后按 Delete 键删除选中的文件，删除的文件将被移动到“回收站”等待彻底删除。

第 3 章　中文字表处理软件 Word 2016

3.1　制作岗位聘任协议书

项目情境

陈鹏飞在某公司人力资源部门工作，近期公司因业务发展需要招聘一批新员工，公司经理要求陈鹏飞制作一份岗位聘任协议书。接到任务后，陈鹏飞拿到公司的相关资料开始制作。

实训目的

(1) 掌握 Word 2016 页面设置的使用方法。

(2) 掌握 Word 2016 格式刷工具的使用。

(3) 掌握 Word 2016 编号的设置方法。

3.1.1　"岗位聘任协议书"的原始文本

"岗位聘任协议书"的原始文本如图 3－1 所示。

岗位聘任协议书

甲方：________________________________

乙方：________________________________

身份证号：____________联系电话：____________

甲乙双方根据国家有关法律、法规的规定，按照自愿、平等的原则，经协商一致达成以下协议，共同遵守。本协议为双方劳动合同的补充协议，是对乙方劳动岗位的特别约定。

聘用期限

聘用期限自___年___月___日起至___年___月___日止。

聘用岗位

甲方根据需要聘用乙方为沈阳寿险分公司总经理，乙方应完成该岗位所承担的工作内容，主要工作内容和要求为：全面负责分公司运营工作及人员管理工作，建立与当地保监局良好关系，完善分公司成本核算体系，有效管理分公司资本结构。

聘用福利

聘用期间，甲方根据实际需要为乙方办理养老保险等社会保险，按时缴纳各项社会保险费用，其中应由乙方个人承担部分，由甲方在其工资或年薪中代为扣缴。

工作纪律和奖惩

乙方应遵守甲方制定的各项规章制度和劳动纪律，自觉服从甲方的管理、教育，甲方有权对乙方的工作进行检查、考核和监督。

甲方根据乙方的工作实绩，贡献大小确定是否给予相应的奖励。

聘用协议的变更、终止和解除

劳动合同终止、解除后，本协议自动终止、解除。

本协议终止、解除后，乙方按照新的任职岗位享受相关待遇，承担相应义务。乙方没有新的任职岗位，且劳动合同尚未到期的，甲方安排乙方待岗。乙方待岗期间按当地最低工资标准的80%享受待遇。

甲方根据乙方业绩完成情况、守法守规情况、日常管理情况等，对乙方进行考核。经过考核，甲方认为乙方不适合担任本岗位的，甲方可以提前解除本协议。

乙方解除本协议的，应当提前三十天以书面形式通知甲方。

本协议终止、解除的，乙方应接受甲方对乙方的离岗审计，乙方应予配合。

竞业保密

乙方对甲方的经营、管理、技术等商业秘密在聘用期内及聘用期外均有做保密工作的义务。

未经甲方同意，乙方在聘用期间不得自营或者为他人经营与甲方同类或者相竞争的行业。

违反合同的责任

因任何一方的过错造成本协议不能履行或者不能完全履行的，由过错一方承担法律责任；如属双方过错，应根据实际情况，由双方分别承担各自的法律责任。

其他事项

双方发生争议或纠纷，可协商解决，协商不成，可由劳动仲裁部门仲裁解决。

本合同未尽事宜，由双方协商解决。

本合同一式两份，甲乙双方各执一份，经甲乙双方签字盖章后生效。

甲方：　　　　　　　　　乙方：

日期：　　　　　　　　　日期：

图 3－1　"岗位聘任协议书"的原始文本

3.1.2　设置文档的纸张大小

新建一个空白文档，输入相关的内容，对文件进行保存，命名为“岗位聘任协议书”。双击标尺栏，在弹出的“页面设置”对话框中单击“纸张”选项卡，在“纸张大小”栏中选择“A4”。当然，也可以根据实际情况而定。

3.1.3　设置文档的页边距

在默认情况下，“页边距”的参数是：“上”和“下”都是“2.54 厘米”，“左”和“右”都是“3.17 厘米”。

双击标尺栏，在弹出的“页面设置”对话框中单击“页边距”选项卡，在“页边距”栏中设置相应的参数。

3.1.4　设置标题、正文的字体格式

选中标题文字“岗位聘任协议书”，单击“开始”功能区，在“字体”组中将文字的字体设置为“方正姚体”，字号设置为“小一”，在“段落”组中选择“居中”。

单击“字体”组中右下角的按钮“ ”，在弹出的“字体”对话框中单击“高级”选项卡，在“字符间距”栏中设置“间距”为“加宽”，“磅值”为“3”，如图 3－2 所示。

图 3－2　“字符间距”的设置

选中文中的“聘用期限”，将字体设置为“黑体”，字号设置为“三号”，在“段落”组中

选择“居中”。将文中的正文部分选中，把字体设置为“新宋体”，字号设置为“小四”，在“段落”里设置“行距”为“1.5 倍行距”。

选中设置好的“聘用期限”，在“开始”功能区的“剪贴板”组中单击“格式刷”按钮，在正文中用鼠标拖动选择“聘用岗位”文字，这样就把“聘用期限”的字体格式复制给了“聘用岗位”。重复上述操作，可以把“聘用福利”“工作纪律和奖惩”“聘用协议的变更、终止和解除”“竞业保密”“违反合同的责任”“其他事项”的字体格式都用“格式刷”进行复制。

提示 “格式刷”的作用是快速地将需要设置格式的对象设置成某种格式，其操作方法是：选中对象进行格式设置，然后选择设置好格式的对象，单击“格式刷”按钮，再将鼠标移动到需要设置格式的对象前，按住鼠标左键拖动鼠标，便给对象进行了相同格式的设置。单击“格式刷”按钮，复制格式只能操作一次；双击“格式刷”按钮，可以进行多次操作。

3.1.5 设置编号

在正文中选择需要设置编号的文字，或者将插入点定位到要插入编号文字的左侧，在“开始”功能区的“段落”组中单击“编号”按钮，在弹出的下拉列表中选择“定义新编号格式”，如图 3-3 所示。在弹出的“定义新编号格式”对话框中，设置“编号样式”为“一，二，三(简)”，在“编号格式”中，在“一”的前面加上一个“第”字，在“一”的后面加上一个“条”字，单击“确定”按钮，如图 3-4 所示。

图 3-3 “编号库”的选择

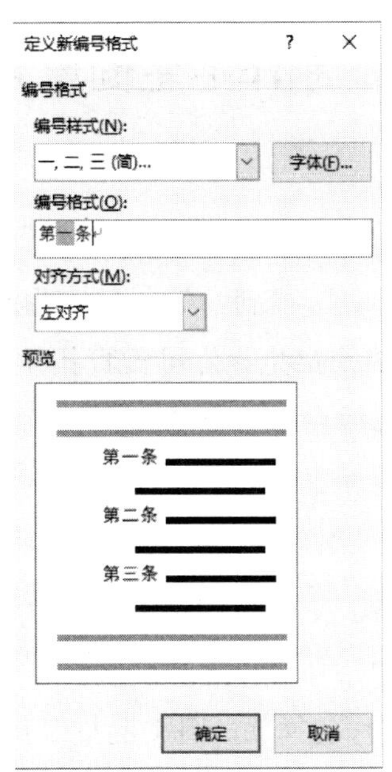

图 3－4　“定义新编号格式”对话框

此时，正文中的“第一条”编号已经产生了。双击“格式刷”按钮，在需要设置编号的文字左侧单击，“第二条”编号也产生了。依次往下复制格式，所有的编号设置完后，再次单击“格式刷”按钮，退出“格式刷”操作。最终设计效果如图 3－5 所示。

岗位聘任协议书

甲方：______________________________

乙方：______________________________

身份证号：____________联系电话：____________

甲乙双方根据国家有关法律、法规的规定，按照自愿、平等的原则，经协商一致达以下协议，共同遵守。本协议为双方劳动合同的补充协议，是对乙方劳动岗位的特别约定。

聘用期限

第一条　聘用期限自____年____月____日起至____年____月____日止。

聘用岗位

第二条　甲方根据需要聘用乙方为沈阳寿险分公司总经理，乙方应完成该岗位所承担的工作内容，主要工作内容和要求为：全面负责分公司运营工作及人员管理工作，建立与当地保监局良好关系，完善分公司成本核算体系，有效管理分公司资本结构。

聘用福利

第三条　聘用期间，甲方根据实际需要为乙方办理养老保险等社会保险，按时缴纳各项社会保险费用，其中应由乙方个人承担部分，由甲方在其工资或年薪中代为扣缴。

工作纪律和奖惩

第四条　乙方应遵守甲方制定的各项规章制度和劳动纪律，自觉服从甲方的管理、教育，甲方有权对乙方的工作进行检查、考核和监督。

第五条　甲方根据乙方的工作实绩，贡献大小确定是否给予相应的奖励。

聘用协议的变更、终止和解除

第六条　劳动合同终止、解除后，本协议自动终止、解除。

第七条　本协议终止、解除后，乙方按照新的任职岗位享受相关待遇，承担相应义务。乙方没有新的任职岗位，且劳动合同尚未到期的，甲方安排乙方待岗。乙方待岗期间按当地最低工资标准的 80%享受待遇。

第八条　甲方根据乙方业绩完成情况、守法守规情况、日常管理情况等，对乙方进行考核。经过考核，甲方认为乙方不适合担任本岗位的，甲方可以提前解除本协议。

第九条　乙方解除本协议的，应当提前三十天以书面形式通知甲方。

第十条　本协议终止、解除的，乙方应接受甲方对乙方的离岗审计，乙方应予配合。

竞业保密

第十一条　乙方对甲方的经营、管理、技术等商业秘密在聘用期内及聘用期外均有做保密工作的义务。

第十二条　未经甲方同意，乙方在聘用期间不得自营或者为他人经营与甲方同类或者相竞争的行业。

违反合同的责任

第十三条　因任何一方的过错造成本协议不能履行或者不能完全履行的，由过错一方承担法律责任；如属双方过错，应根据实际情况，由双方分别承担各自的法律责任。

其他事项

第十四条　双方发生争议或纠纷，可协商解决。协商不成，可由劳动仲裁部门仲裁解决。

第十五条　本合同未尽事宜，由双方协商解决。

第十六条　本合同一式两份，甲乙双方各执一份，经甲乙双方签字盖章后生效

甲方：　　　　　　　　乙方：

日期：　　　　　　　　日期：

图 3－5　“岗位聘任协议书”最终效果

3.2　制作招生简章封面

项目情境

陈鹏飞是一名刚毕业的大学生，找到的第一份工作是在一家专业的培训机构工作。公司每年3月份要面向社会和学校招生，公司负责招生的经理要求陈鹏飞设计一个关于培训的招生简章封面，陈鹏飞综合考虑各方面因素，决定用Word 2016来设计该招生简章的封面。

实训目的

(1) 掌握文字处理软件Word 2016编辑的基本方法。

(2) 掌握Word 2016文档中字体、段落的设置。

(3) 掌握艺术字的编辑、图片的插入、图文混排等操作方法。

(4) 掌握图形编辑、形状、文档的页面设置等方法。

3.2.1　"招生简章"封面的效果

"招生简章"封面的效果如图3-6所示。

图3-6　"招生简章"封面

3.2.2　设置页面并保存

启动Word 2016后，新建一个空白文档，在"布局"功能区的"页面设置"组中单击按钮，在弹出的“页面设置”对话框中设置“页边距”的“上”“下”“左”“右”参数为“0”，单击“确定”按钮，如图 3－7 所示。

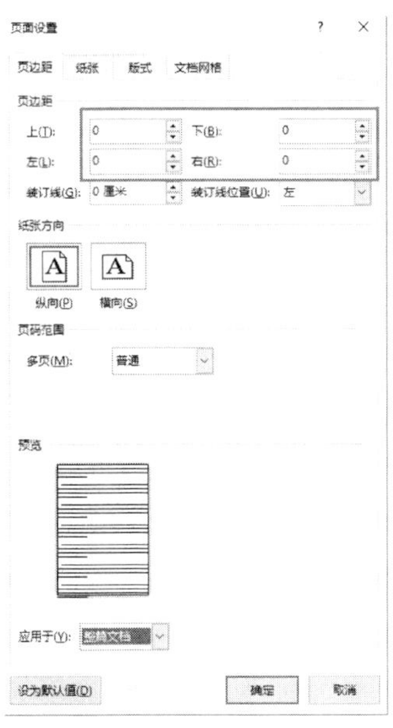

图 3－7　“页面设置”对话框

3.2.3　“招生简章”封面设计

在“插入”功能区的“页面”组中单击“封面”按钮，在弹出的“内置”里选择“网格”，并将“网格”封面里的内容全部删除，如图 3－8 所示。

图 3－8　删除“网格”内容后的封面

3.2.4 美化“网格”封面

首先设置“网格”封面的“形状填充”。单击“网格”封面左边“蓝色”的部分，在“格式”功能区的“形状样式”组中单击“形状填充”，在弹出的选项中选择“其他填充颜色”，在“颜色”选项卡中选择“自定义”，颜色模式为“RGB”，然后在“红色”“蓝色”“绿色”里分别输入“149”“245”“243”。再次单击“形状填充”，将鼠标移动到“渐变”下，会自动弹出相关选项，选择“线性向右”，设置后的效果如图 3－9 所示。

图 3－9 “形状填充”封面的设置效果

用同样的方法设置“网格”封面右边的部分。为了使颜色有层次感，在“颜色”模式中设置“RGB”的颜色为“142”“252”“234”。在“渐变”选项里选择“线性向左”，设置后的效果如图 3－10 所示。

图 3－10 “网格”封面的设置效果

其次设置“网格”封面的“形状轮廓”。单击“网格”封面左边“水绿色”的部分，在“格式”功能区的“形状样式”组中单击“形状轮廓”按钮，在弹出的选项中选择“粗细”，在

“粗细”里选择“其他线条”，在“线条”下选择“实线”，将“颜色”设置为“金色，个性色 4”，“宽度”设置为“15 磅”，“复合类型”设置为“三线”，如图 3 - 11 所示，设置后的效果如图 3 - 12 所示。

用同样的方法设置“网格”封面右边的部分，得到“形状轮廓”的最终效果如图 3 - 13 所示。

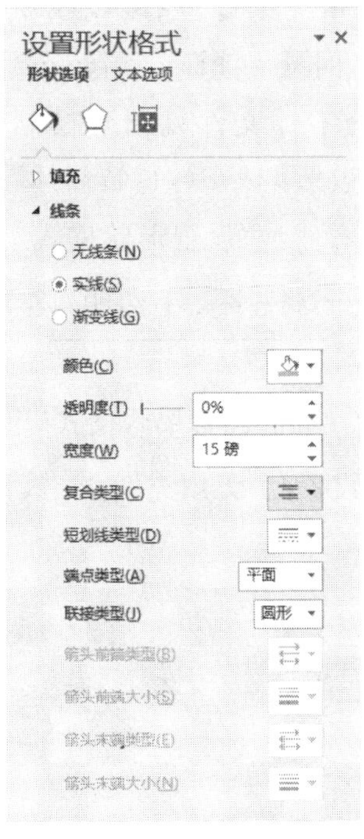

图 3 - 11　“形状轮廓”的设置

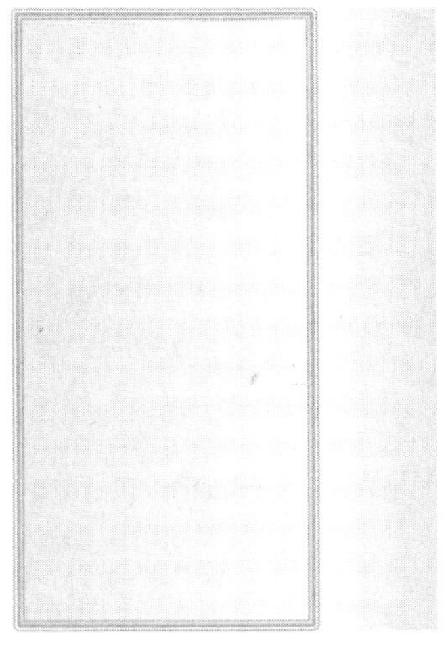

图 3 - 12　“形状轮廓”设置后的效果

图 3 - 13　“形状轮廓”的最终效果

3.2.5　设置“绘制竖排文本框”

选择“网格”封面右边的部分，单击“插入”功能区，在“文本”组中单击“文本框”，在弹出的选项中选择“绘制竖排文本框”，在文本框里输入“招生简章”，设置文字的字号为“80”，字体为“锐线星球李林哥特简体”，字体颜色为“蓝色”。

提示　Word 2016 在默认的情况下是没有“锐线星球李林哥特简体”这种字体的，我们可以在网上下载这种字体，网址为 http://www.uzzf.com/Fonts/277804.html。下载完成后，可直接将解压缩的字体文件复制到控制面板的“字体”文件夹里，这样 Word 2016 的“字体”里就有了“锐线星球李林哥特简体”这种字体。

单击“绘制竖排文本框”，在右侧的“设置形状格式”选项里单击“文本选项”选项卡，再单击“布局属性”按钮，然后把上边距、下边距、左边距、右边距的值全部设置为“0厘米”，如图 3-14 所示。

单击“绘制竖排文本框”，在右侧的“设置形状格式”里单击“形状选项”选项卡，再单击“填充与线条”按钮，将“填充”设置为“无填充”，将“线条”设置为“无线条”，如图 3-15 所示。

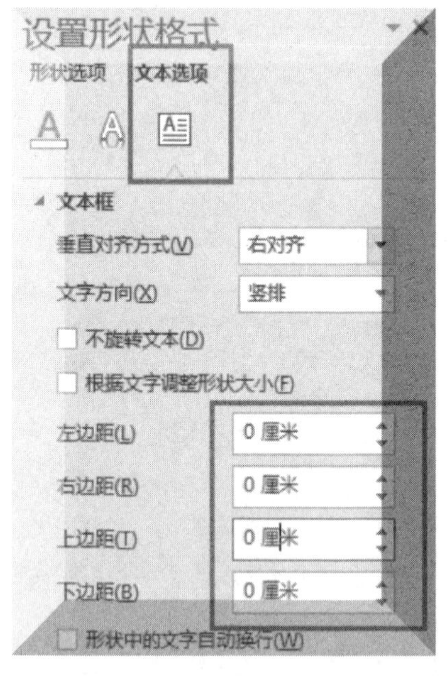

图 3-14　“文本选项”的设置

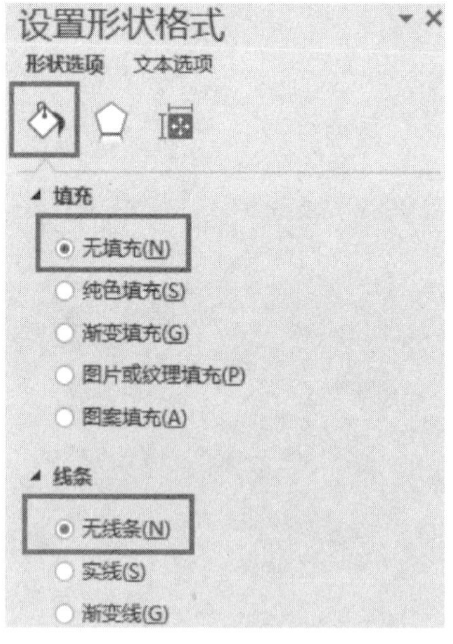

图 3-15　“形状选项”的设置

单击“插入”功能区，在“插图”组中单击“形状”按钮，在“形状”里选择“星型：十六角”，然后在“网格”封面的“招生简章”文字周围绘制形状“星型：十六角”。单击该形状，就会弹出“设置形状格式”对话框，设置“颜色”为“橙色，个性色 2”，如图 3-16 所示。在文字区域多复制几个该形状，效果如图 3-17 所示。

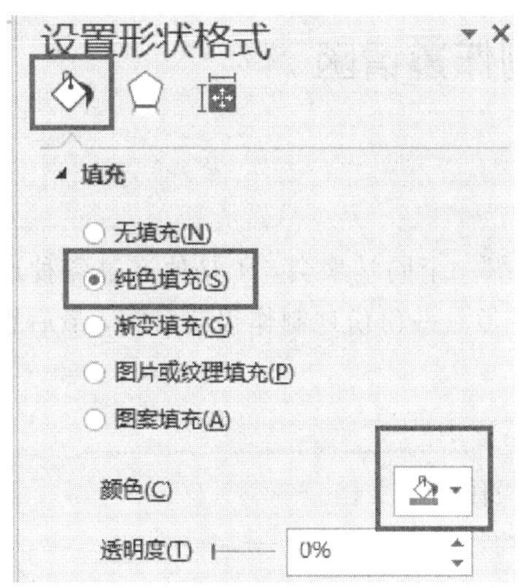

图 3 - 16　“形状”的设置

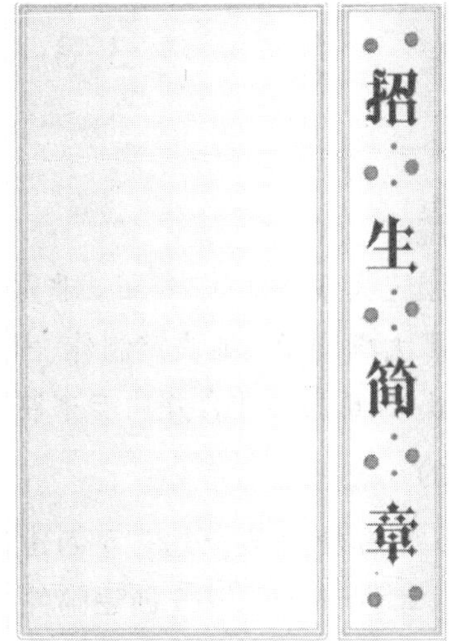

图 3 - 17　添加多个“形状”后的效果

单击“插入”功能区，在“插图”组中单击“图片”按钮，在弹出的“插入图片”对话框中找到所需要的图片，单击“插入”按钮，这样图片就可以插入到文档中，如图 3 - 18 所示。

为了使图片更具有艺术效果，可以为图片添加样式。其操作方法是：选中图片，单击“格式”功能区，在“图片样式”组中选择“映像右透视”，最终设计效果如图 3 - 19 所示。

图 3 - 18　插入图片后的效果

图 3 - 19　“招生简章”最终设计效果

3.3 批量制作邀请函

项目情境

陈鹏飞大学毕业 15 年了，非常希望能组织一个同学聚会，于是他通过各种通信手段联系了大学同学。他决定制作一份邀请函，但是一份份地制作很花时间，最后想到通过 Word 2016 的邮件合并功能来制作完成。

实训目的

(1) 掌握使用 Word 2016 创建邮件合并操作的主文档。

(2) 掌握 Word 2016 创建邮件合并操作的数据源文件。

(3) 掌握 Word 2016 邮件合并的操作。

3.3.1 利用邮件合并的方法制作"邀请函"原始文本

利用邮件合并的方法制作"邀请函"原始文本如图 3-20 所示。

邀请函

同学：你好！

十五年前的夏天，我们结束了大学的学习生活，大家带着对美好未来的憧憬，各奔东西，各闯世界。

十五年的风雨和打拼，青春不再，不惑将至。也许你我改变了模样，改变了生活，但大学的生活仍历历在目，始终是抹不去的记忆。

世事在变化，同学身份永远不可改变，值得一生去珍惜和追忆。

老同学，来吧！钱多钱少都有烦恼，官大官小没完没了，让我们尽情享受老同学相聚的温馨，找回那渐行渐远的青春。

你的朋友：×××

2020 年 1 月 24 日

图 3-20 利用邮件合并的方法制作"邀请函"原始文本

3.3.2 输入文档并设置纸张大小

在文档中输入邀请函的内容，输入完成后，设置"邀请函"的字体为"微软雅黑""加粗"，字号为"二号"，段落格式为"居中"；设置正文的字体为"楷体""加粗"，字号为"小四"等，效果如图 3-21 所示。

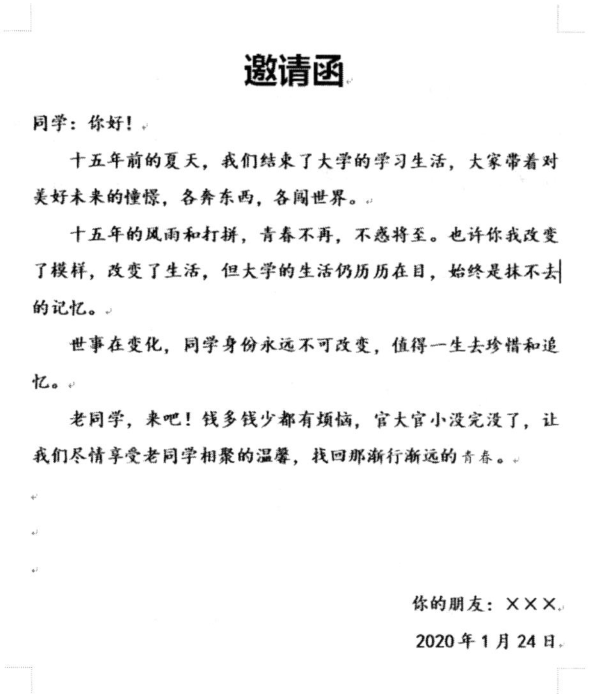

邀请函

同学：你好！

十五年前的夏天，我们结束了大学的学习生活，大家带着对美好未来的憧憬，各奔东西，各闯世界。

十五年的风雨和打拼，青春不再，不惑将至。也许你我改变了模样，改变了生活，但大学的生活仍历历在目，始终是抹不去的记忆。

世事在变化，同学身份永远不可改变，值得一生去珍惜和追忆。

老同学，来吧！钱多钱少都有烦恼，官大官小没完没了，让我们尽情享受老同学相聚的温馨，找回那渐行渐远的青春。

你的朋友：×××

2020 年 1 月 24 日

图 3-21　排版后的“邀请函”

完成排版后，在“布局”功能区的“页面设置”组中单击“页面设置”按钮，在弹出的“页面设置”对话框中单击“纸张”选项卡，在“纸张大小”栏中选择“自定义大小”，设置“宽度”和“高度”分别为“18.4”和“19.3”，如图 3-22 所示。

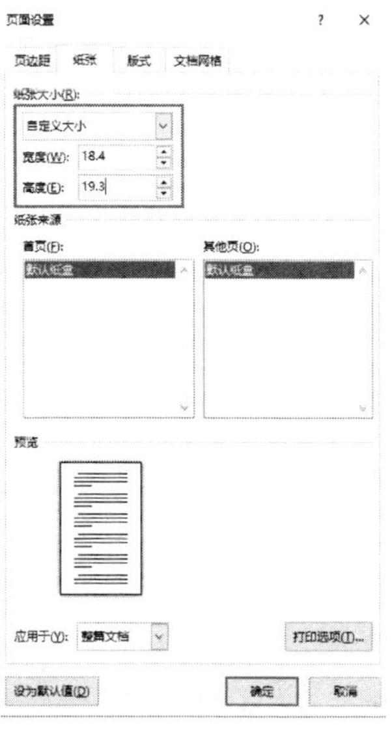

图 3-22　设置“纸张”

3.3.3 创建源文件数据

要制作多个邀请函文档，就需要有多个收件人的姓名，Word 2016 的“邮件合并”功能支持多种格式的数据源。本项目中采用 Excel 2016 来创建数据源。启动 Excel 2016，输入相关数据（输入工作表数据详见本书第 5 章 5.1.2 内容），如图 3－23 所示。将文件另存为“邀请名单.xlsx”。

姓名	性别
陈燕	女
杜儒	男
杜珍梅	女
何旋一	男
林茜	女
江奔	男

图 3－23 用 Excel 2016 制作数据源

3.3.4 邮件合并

打开已经创建好的“邀请函”文档，在“邮件”功能区的“开始邮件合并”组中单击“开始邮件合并”按钮，在下拉列表中选择“信函”，单击“选择邮件人”按钮，在下拉列表中选择“使用现有列表”，在弹出的“选取数据源”对话框中，选择 Excel 文件“邀请名单”，如图 3－24 所示。

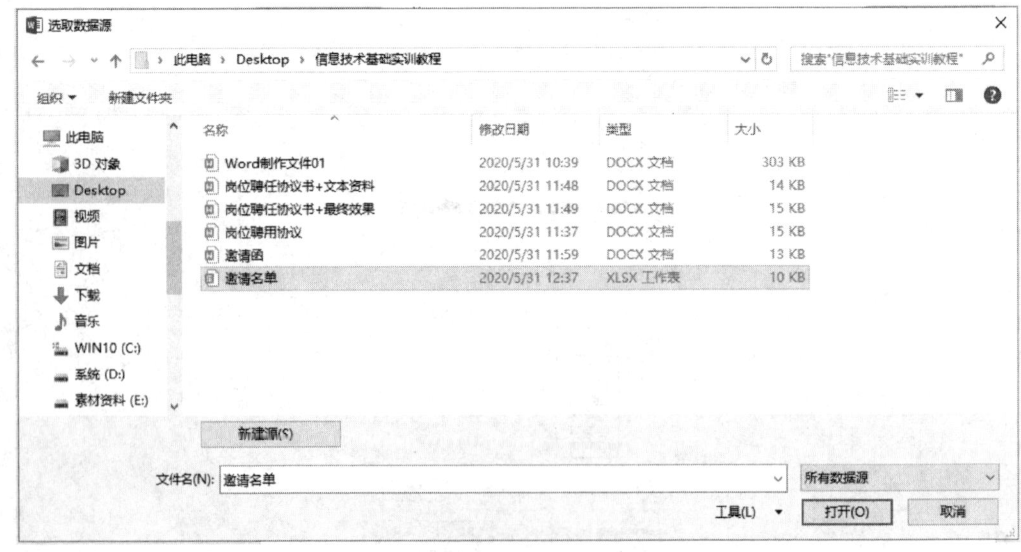

图 3－24 选取“邀请名单”数据源

将鼠标定位到“同学：你好”的左边，如图 3－25 所示，在“邮件”功能区的“编写和插入域”组中单击“插入合并域”按钮，在弹出的下拉列表中选择“姓名”，如图 3－26 所示。

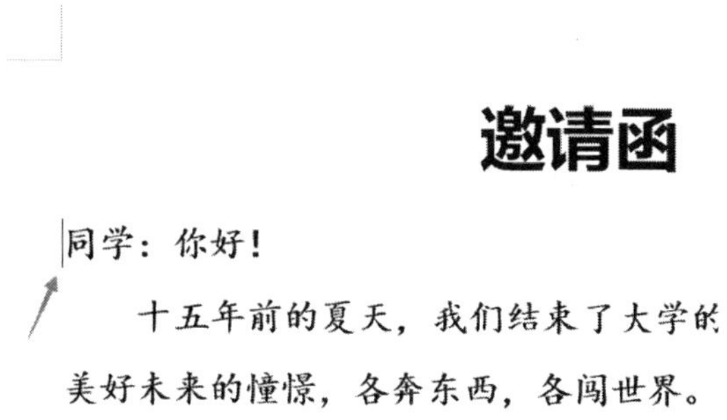

邀请函
同学：你好！
十五年前的夏天，我们结束了大学的
美好未来的憧憬，各奔东西，各闯世界。

图 3－25 定位插入点

邮件
审阅
视图
MathType
规则
匹配域
更新标签
实出显示合并域
地址块
问候语
插入合并域
姓名
性别

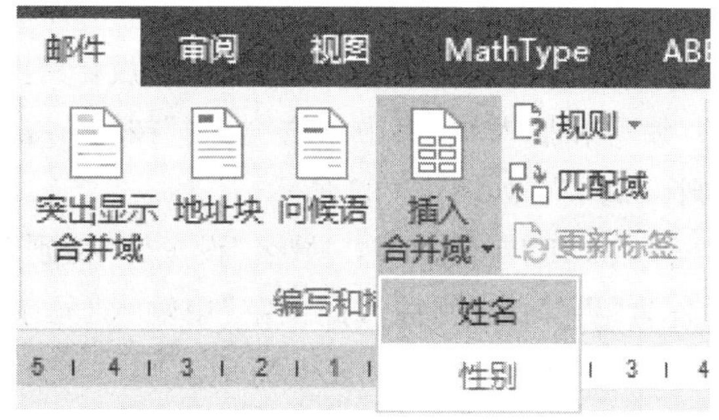

图 3－26 “插入合并域”的设置

单击“姓名”后，在“邀请函”文档的“同学：你好”的左侧就会出现带有“《》”的“姓名”，这些“《姓名》”合并后是不会显示在文档中的，它的作用是区分域和普通文本，如图 3－27 所示。

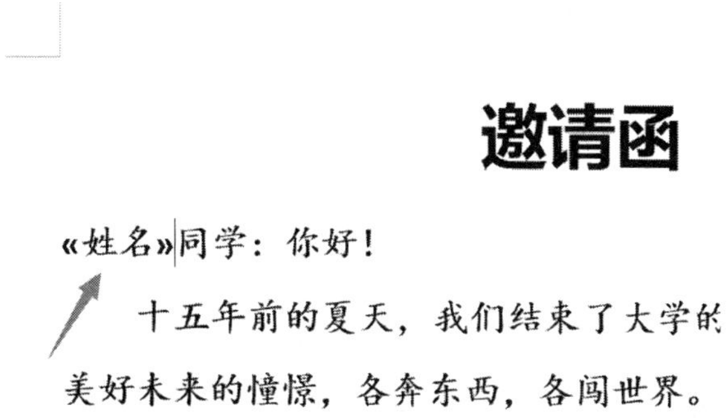

邀请函
«姓名»同学：你好！
十五年前的夏天，我们结束了大学的
美好未来的憧憬，各奔东西，各闯世界。

图 3－27 “插入合并域”的效果

在“邮件”功能区的“完成”组中单击“完成并合并”按钮，在弹出的下拉列表中选择“编辑单个文档”，在弹出的“合并到新文档”对话框中选择“全部”，如图 3－28 所示。

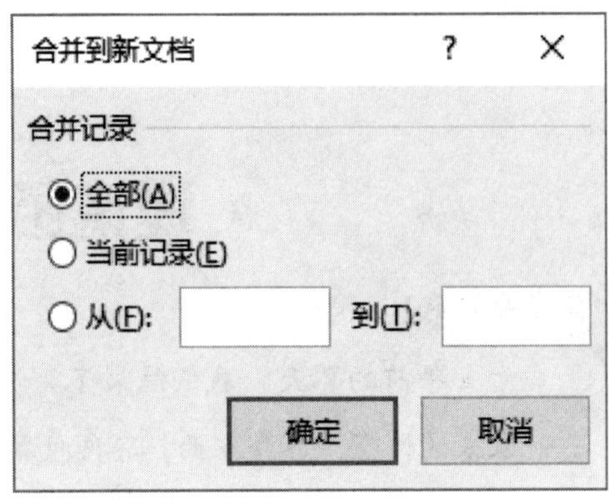

图 3－28　完成合并

如果要在“同学：你好”的前面加上性别，比如在男同学前面加上“兄弟”，在女同学前面加上“姐妹”的话，也可以通过“邮件合并”的功能来完成，其操作方法如下：

在“邮件”功能区的“编写和插入域”组中单击“规则”按钮，在弹出的下拉列表中选择“如果...那么...否则(I)...”，如图 3－29 所示。

在打开的“插入 Word 域：IF”对话框中，“域名”设置为“性别”，“比较条件”设置为“等于”，“比较对象”设置为“男”，在“则插入此文字”中输入“兄弟”，在“否则插入此文字”中输入“姐妹”，单击“确定”按钮，如图 3－30 所示。

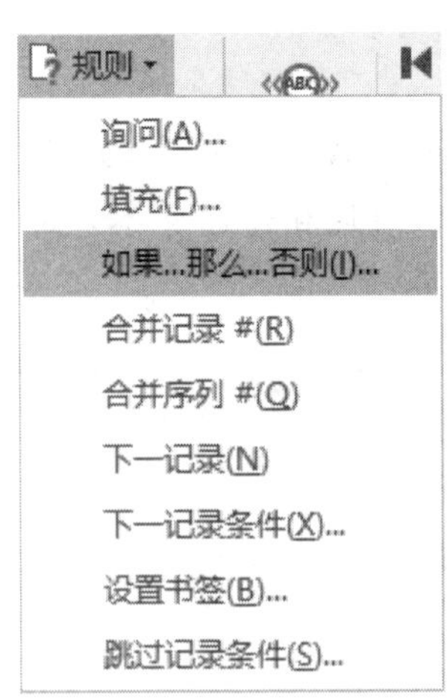

图 3－29　选择“规则”

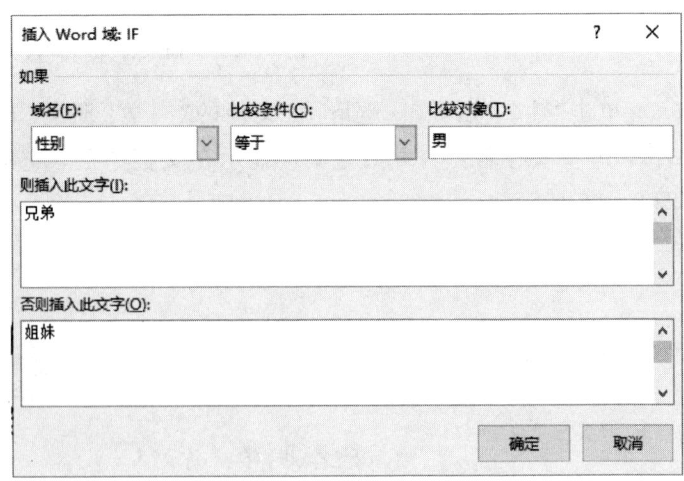

图 3－30　“插入 Word 域：IF”对话框

设置后的效果如图 3－31 所示。

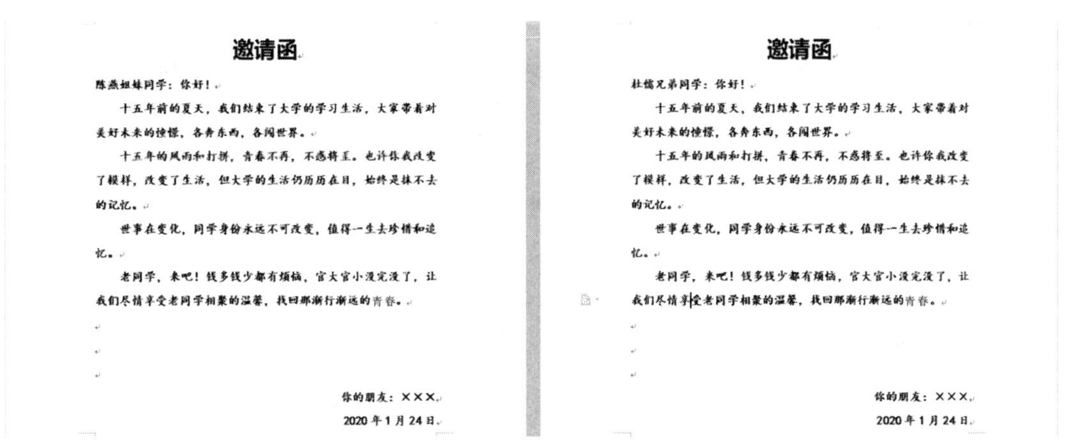

邀请函

陈燕姐妹同学：你好！

十五年前的夏天，我们结束了大学的学习生活，大家带着对美好未来的憧憬，各奔东西，各闯世界。

十五年的风雨和打拼，青春不再，不惑将至。也许你我改变了模样，改变了生活，但大学的生活仍历历在目，始终是抹不去的记忆。

世事在变化，同学身份永远不可改变，值得一生去珍惜和追忆。

老同学，来吧！钱多钱少都有烦恼，官大官小没完没了，让我们尽情享受老同学相聚的温馨，找回那渐行渐远的青春。

你的朋友：×××

2020 年 1 月 24 日

邀请函

杜儒兄弟同学：你好！

十五年前的夏天，我们结束了大学的学习生活，大家带着对美好未来的憧憬，各奔东西，各闯世界。

十五年的风雨和打拼，青春不再，不惑将至。也许你我改变了模样，改变了生活，但大学的生活仍历历在目，始终是抹不去的记忆。

世事在变化，同学身份永远不可改变，值得一生去珍惜和追忆。

老同学，来吧！钱多钱少都有烦恼，官大官小没完没了，让我们尽情享受老同学相聚的温馨，找回那渐行渐远的青春。

你的朋友：×××

2020 年 1 月 24 日

图 3-31　使用“插入 Word 域：IF”设置后的效果

3.3.5　为页面添加颜色

在“设计”功能区的“页面背景”组中单击“页面颜色”按钮，在弹出的下拉列表中选择“填充效果”，在弹出的“填充效果”对话框中单击“渐变”选项卡，在“颜色”栏中选择“双色”，在“颜色 1”中设置颜色为“绿色”，在“颜色 2”中设置颜色为“浅蓝”，“底纹样式”选择“角部辐射”，单击“确定”按钮，如图 3-32 所示。

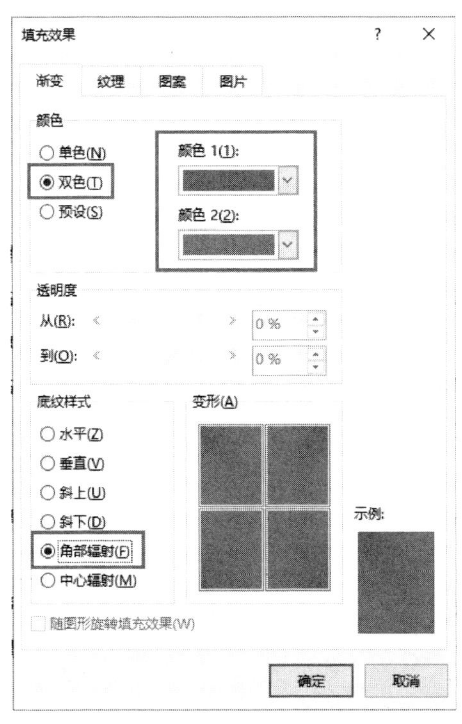

图 3-32　页面添加颜色

设置后的最终效果如图 3 - 33 所示。

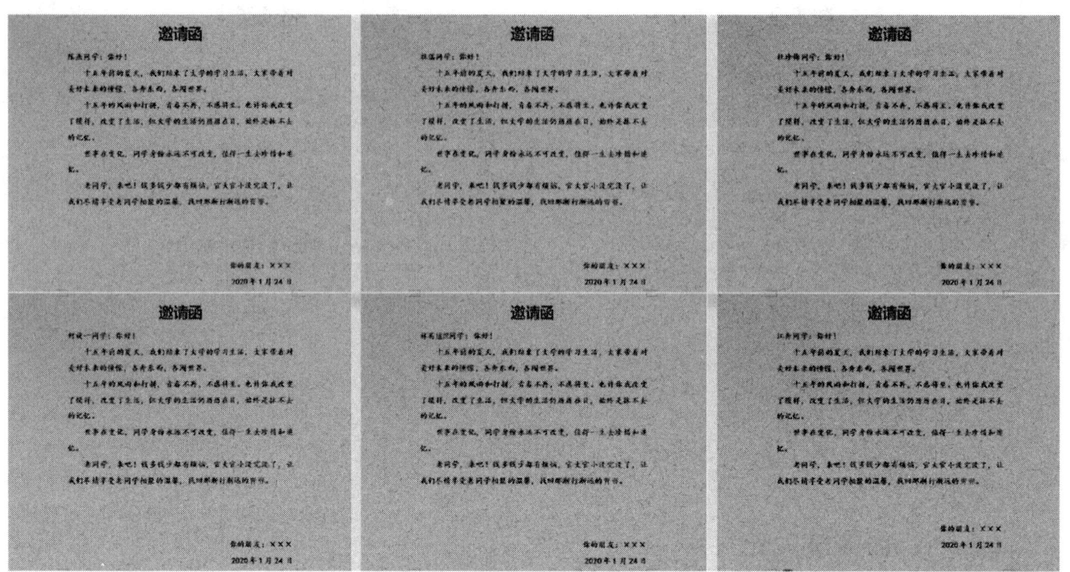

图 3 - 33 “邀请函”制作的最终效果

3.4 毕业论文的设计

项目情景

陈鹏飞是一名大三的学生，临近毕业，他按照指导老师发放的毕业设计任务书的要求，完成了论文的书写，接下来需要使用 Word 2016 对论文进行排版。

实训目的

(1) 掌握分页符、分节符的使用方法。

(2) 掌握目录的制作方法。

(3) 掌握页眉、页脚和页码的设置。

(4) 掌握样式的创建和修改。

(5) 脚注、尾注的使用方法。

3.4.1 毕业论文的设计和排版

毕业论文的设计和排版效果如图 3 - 34 所示。

邯 郸 学 院

毕 业 论 文

二级学院：艺术学院

题　　目：中国传统服饰在现代服装设计中的运用

班　　级：2017 服装设计

学　　号：2017010101　学生姓名：杜思雨

指导教师：林秋娥　职　　称：教　授

论文提交日期：2020 年 4 月 28 日

目 录

摘 要……1
第一章 前言……2
1.1 研究背景……2
1.2 本课题研究现状……2
1.3 本课题研究的目的与意义……3
1.4 本课题的框架内容与研究方法……4
第二章 “中国风”时装概述……6
2.1 “中国风”时装的定义……6
2.2 “中国风”在时装设计中的表达……7
2.3 中式服装与“中国风”时装的联系和区别……11
2.4 “中国风”时装发展现状……14
第三章 “中国风”时装的内涵……20
3.1 中国古代服装的基本形制……20
3.2 中西服饰文化的外部交流对中国近代服饰形制的影响……23
3.3 近代服装设计师的设计方法……24
3.4 近代服饰形制对西方时尚的回返影响……29
第四章 中国传统服饰形制在“中国风”时装设计中的应用……30
4.1 近代服装设计方法的启示……30
4.2 应用形式……31
4.3 设计方法……35
4.4 综合运用……40
4.5 设计实践……41
4.5.2 流程图……54
第五章 结语……57
参考文献……58
致 谢……61
附录：调查问卷……63

图 3－34　毕业论文的设计和排版

3.4.2　设置页面

在“布局”功能区的“页面设置”组中单击按钮，在弹出的“页面设置”对话框中，单击“页边距”选项卡，并在“页边距”栏中设置“上”“下”“左”“右”边距分别为“3”“2.5”“2.5”“2.5”，“装订线位置”设置为“左”，“纸张方向”栏中选择“纵向”，如图 3－35 所示。单击“版式”选项卡，设置“页眉”和“页脚”分别为“1.6”和“1.5”，如图 3－36 所示。

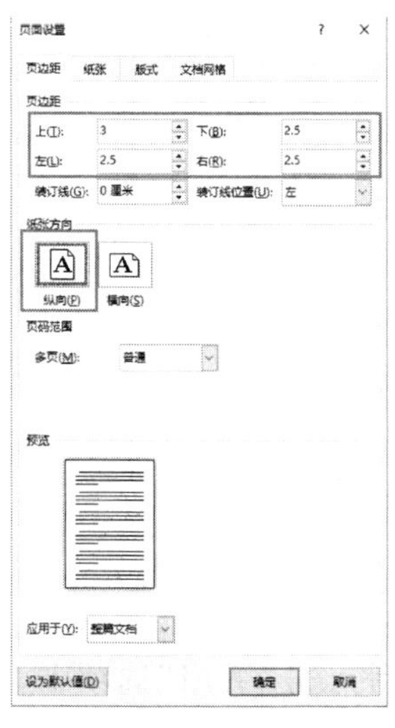

图 3－35　“页边距”的设置

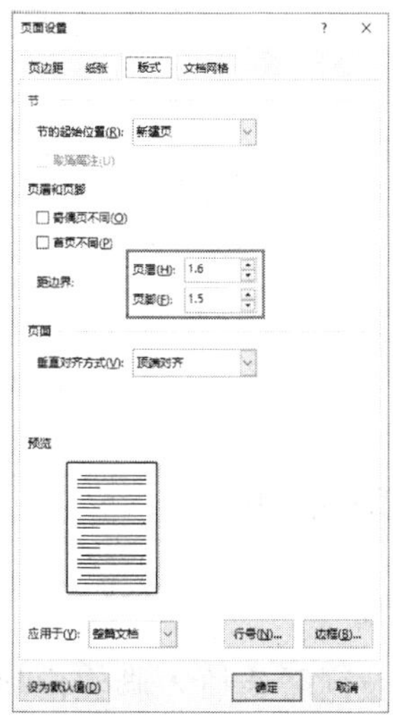

图 3－36　“版式”的设置

3.4.3　设置文档格式

全选文档的正文部分，设置字体为“宋体”，字号为“小四”，对齐方式为“两端对齐”，如图 3 - 37 所示；整篇文档的行距设置为“固定值，20”，如图 3 - 38 所示。

图 3 - 37　文档格式的设置

图 3 - 38　“行距”的设置

3.4.4　插入脚注、尾注

1. 插入脚注

将鼠标定位到需要插入脚注内容的右侧，然后点击“引用”选项卡，选择“插入脚注”，此时插入点被定位到页面底部，输入脚注内容，如图 3 - 39 所示。

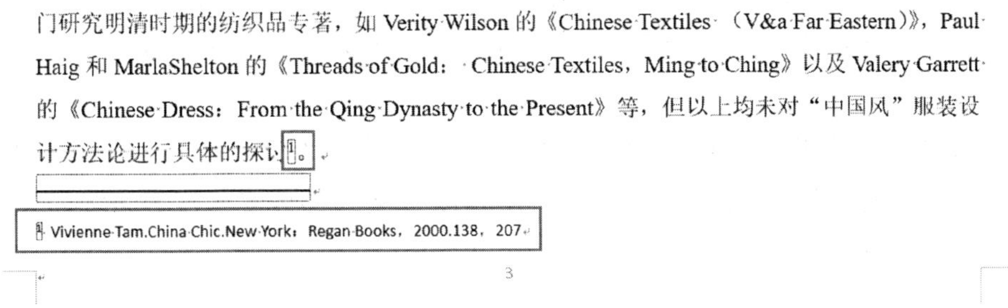

门研究明清时期的纺织品专著，如 Verity Wilson 的《Chinese Textiles （V&a Far Eastern)》，Paul Haig 和 MarlaShelton 的《Threads of Gold： Chinese Textiles，Ming to Ching》以及 Valery Garrett 的《Chinese Dress：From the Qing Dynasty to the Present》等，但以上均未对“中国风”服装设计方法论进行具体的探讨[1]。

[1] Vivienne Tam.China Chic.New York：Regan Books，2000.138，207

3

图 3－39　插入脚注的效果

插入脚注后，插入脚注内容的右侧自动添加一个数字编号的引用标记“1”，将鼠标指针放于此处，会自动显示脚注内容，如图 3－40 所示。如果论文中插入了多处脚注内容，那么，引用标记数字编号会依次排序(1、2、3…)。

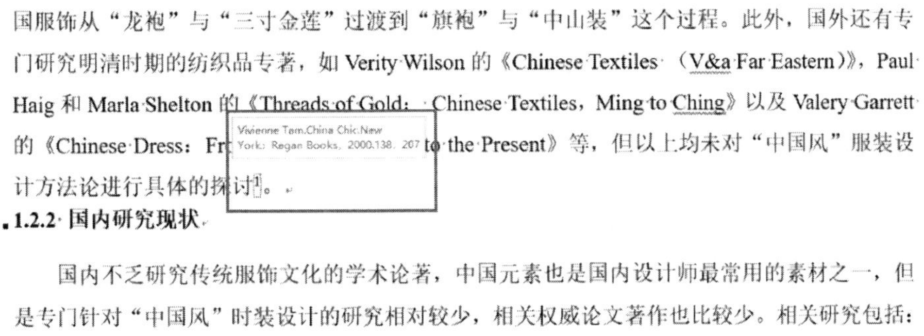

国服饰从“龙袍”与“三寸金莲”过渡到“旗袍”与“中山装”这个过程。此外，国外还有专门研究明清时期的纺织品专著，如 Verity Wilson 的《Chinese Textiles （V&a Far Eastern)》，Paul Haig 和 Marla Shelton 的《Threads of Gold： Chinese Textiles，Ming to Ching》以及 Valery Garrett 的《Chinese Dress：Fr[Vivienne Tam.China Chic.New York：Regan Books，2000.138，207] to the Present》等，但以上均未对“中国风”服装设计方法论进行具体的探讨[1]。

1.2.2 国内研究现状

国内不乏研究传统服饰文化的学术论著，中国元素也是国内设计师最常用的素材之一，但是专门针对“中国风”时装设计的研究相对较少，相关权威论文著作也比较少。相关研究包括：

图 3－40　脚注内容显示

2. 插入尾注

在论文写作中，我们经常要引用参考文献，参考文献可采用插入尾注的方式进行设置，首先将鼠标定位到需要插入尾注内容的右侧，然后点击“引用”选项卡，选择“插入尾注”，此时插入点被定位到文档尾部，输入脚注内容，如图 3－41 所示。

参考文献

[i] 袁宣萍.清代丝织品中的西洋风[J].丝绸，2004（03）：48

图 3－41　插入尾注的效果

插入尾注后，插入尾注内容的右侧自动添加一个数字编号的引用标记“1”，将鼠标指针放于此处，同样会自动显示尾注内容。插入多个参考文献，引用标记编号会依次排序，删除其中一条参考文献，被删除的参考文献之后的编号会自动更改。

1）自定义编号设置

尾注编号格式还可以进行自定义设置，点击“引用”功能区的“脚注”组中的按钮 ，打开“脚注和尾注”格式设置对话框，设置编号格式如图 3－42 所示。点击“应用(A)”按钮，更改尾注编号效果如图 3－43 所示。

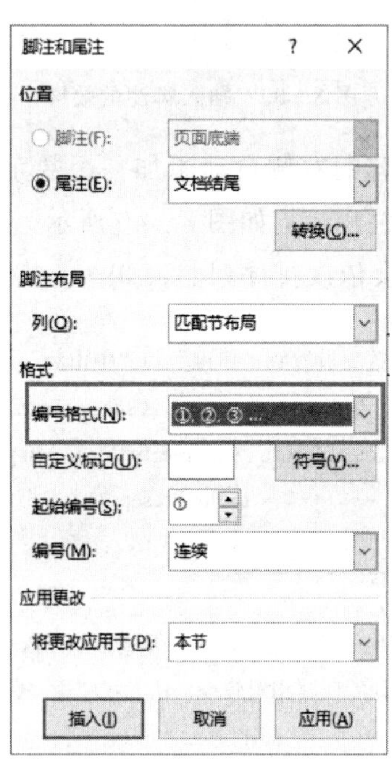

图 3－42　尾注编号格式设置

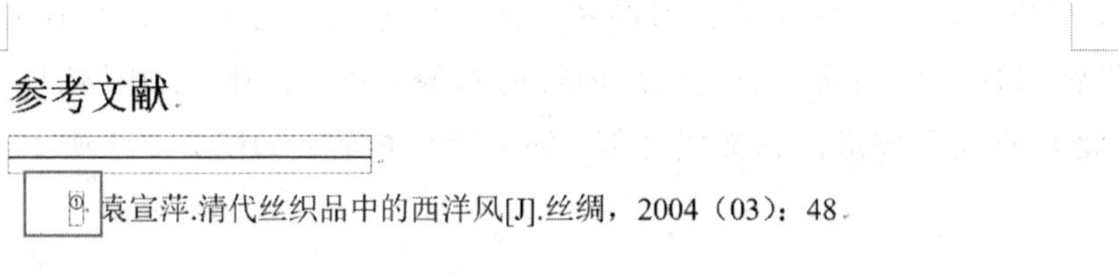

参考文献

① 袁宣萍.清代丝织品中的西洋风[J].丝绸，2004（03）：48

图 3－43　更改后的尾注编号样式

2）批量插入“[]”，修改上标样式为[1]

点击“开始”选项卡“编辑”中的“替换”，打开“查找和替换”对话框，将光标定位在“查找内容”的对话框中，然后点击“特殊格式”，在下拉列表中选择“尾注标记”，如图 3－44 所示。

在“替换为”对话框中输入“[^&]”(方括号中两个字符在英文半角状态下用 Shift＋6、Shift＋7 输入)，如图 3－45 所示。单击“全部替换”按钮，替换结果如图 3－46 所示。

图 3-44　查找尾注标记对话框

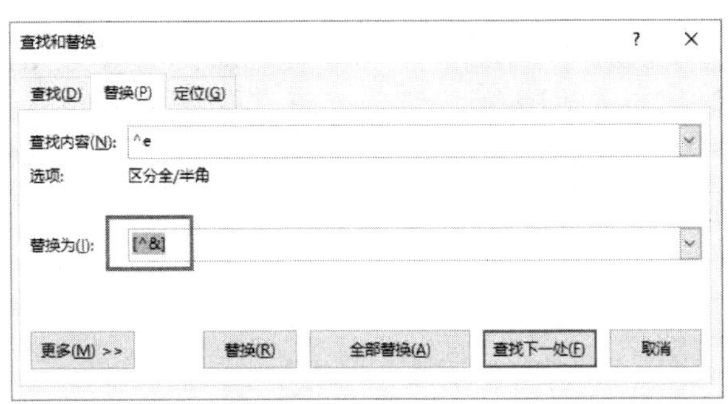

图 3-45　替换为输入[^&]

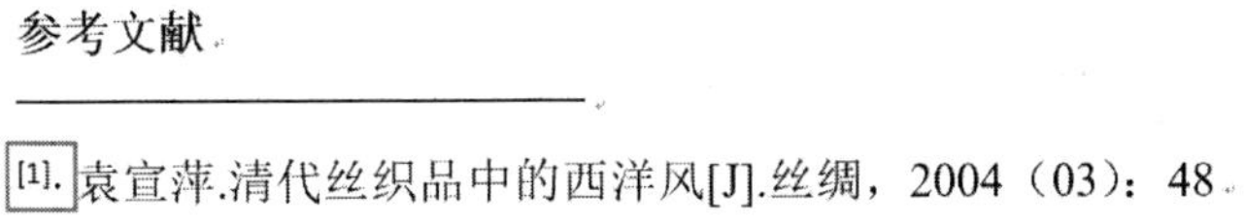

参考文献

[1].袁宣萍.清代丝织品中的西洋风[J].丝绸，2004（03）：48

图 3-46　替换后效果

3）尾注上标状态的处理

在参考文献位置尾注前面的编号不应该是上标状态，因此要对尾注上标状态进行处理。

将光标定位在尾注中的任意位置，选中部分内容，双击格式刷，刷选尾注的标号，如图 3－47 所示。

参考文献

[1].袁宣萍.清代丝织品中的西洋风[J].丝绸，2004（03）：48

图 3－47　取消尾注编号上标后的效果

4）删除尾注上方的分隔符

切换视图模式为“草稿”，如图 3－48 所示。点击“引用”功能区“脚注”组中的“显示备注”，在“尾注”下拉列表中选择“尾注分隔符”，如图 3－49 所示。然后选中分隔符并删除，修改后的尾注最终效果如图 3－50 所示。

图 3－48　草稿视图模式

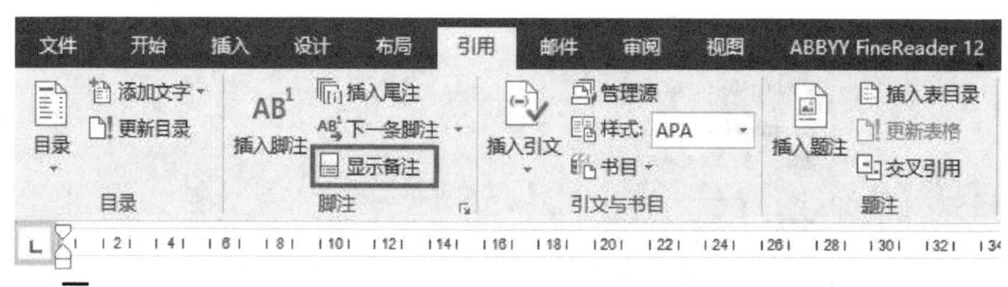

图 3－49　选中尾注分隔符

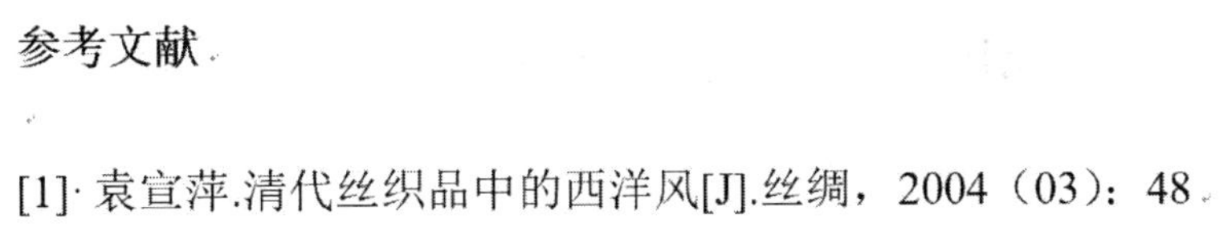

参考文献

[1] 袁宣萍.清代丝织品中的西洋风[J].丝绸，2004（03）：48

图 3 - 50　尾注最终效果

3.4.5　设置样式

将鼠标定位到标题的前面，如图 3 - 51 所示，在“开始”功能区的“样式”组中单击“标题 1”样式，如图 3 - 52 所示。

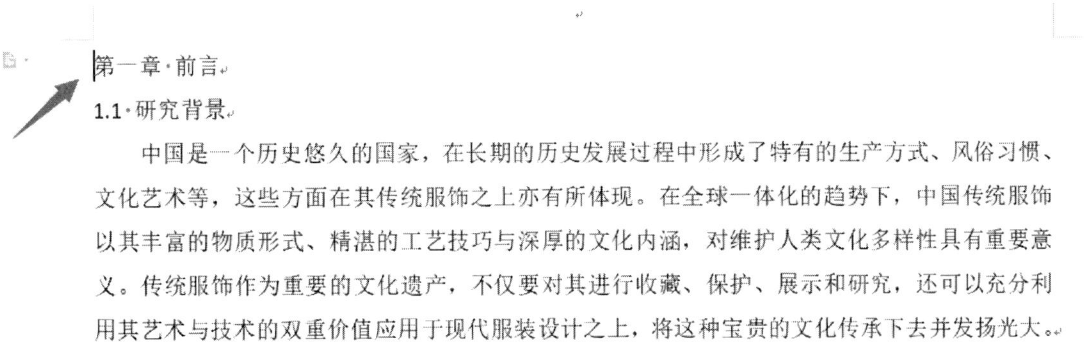

第一章 前言

1.1 研究背景

中国是一个历史悠久的国家，在长期的历史发展过程中形成了特有的生产方式、风俗习惯、文化艺术等，这些方面在其传统服饰之上亦有所体现。在全球一体化的趋势下，中国传统服饰以其丰富的物质形式、精湛的工艺技巧与深厚的文化内涵，对维护人类文化多样性具有重要意义。传统服饰作为重要的文化遗产，不仅要对其进行收藏、保护、展示和研究，还可以充分利用其艺术与技术的双重价值应用于现代服装设计之上，将这种宝贵的文化传承下去并发扬光大。

图 3 - 51　需要应用样式的标题

图 3 - 52　标题应用“标题 1”样式

为了使文档更有层次感，要对文档进行样式设置，用上面的方法为各小节标题添加其他的标题类型。添加完成后，可以对样式进行修改，其操作方法是：右击“标题 1”，在弹出的快捷菜单中选择“修改”命令，如图 3 - 53 所示。

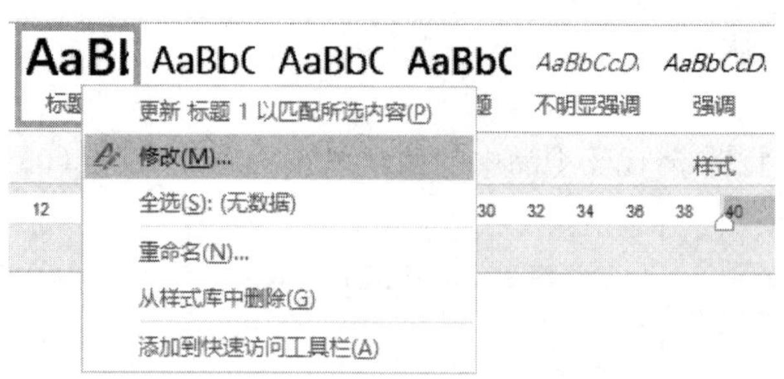

图 3 - 53　修改样式设置

可在弹出的“修改样式”对话框中对设置的样式进行修改，如图 3 - 54 所示，例如，需要修改段落、边框等，可单击“格式”按钮进行修改。

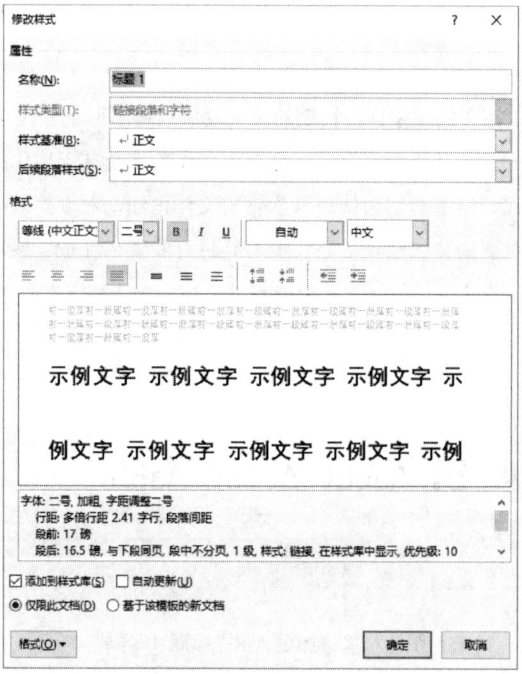

图 3 - 54　“修改样式”对话框

3.4.6　插入目录

要想为文档创建目录，首先必须设置好样式，因为样式中的标题和目录中的标题是对应的。设置好文档的样式后，将鼠标定位到要插入目录的页面，在“引用”功能区的“目录”组中单击“目录”按钮，在弹出的下拉列表中选择“自定义目录”，在弹出的“目录”对话框中进行设置，如图 3 - 55 所示。

图 3－55　“目录”对话框

点击“确定”按钮，插入目录效果，如图 3－56 所示。

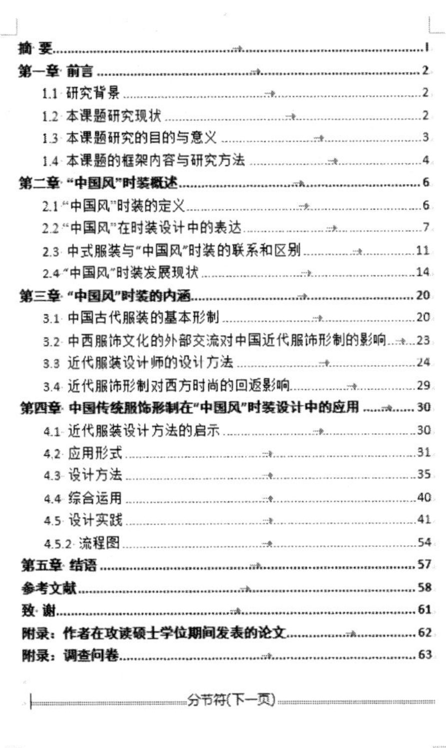

分节符(下一页)

图 3－56　插入目录效果

修改文档的内容时，有时页码会产生错位，这时需要对目录进行修改，其操作方法是：选择“目录”，右击鼠标，在弹出的快捷菜单中选择“更新域”命令，这样错位的页码就会更新，如图 3－57 所示。

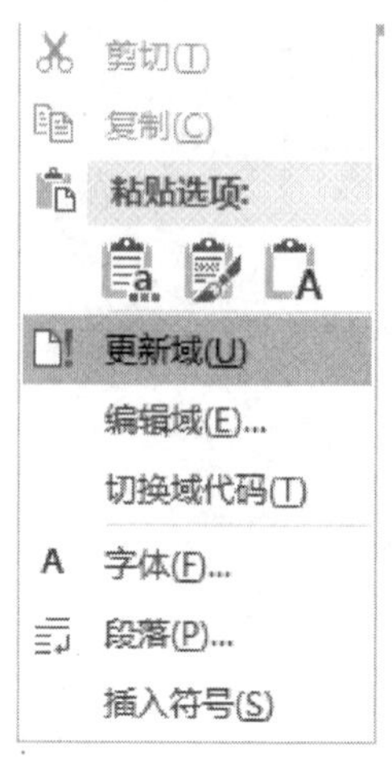

图 3－57　目录的“更新域”

3.4.7　页眉、页脚和页码

论文格式要求：从正文开始设置页眉，其中奇数页的页眉为院校名称，内容在左侧，偶数页的页眉为论文名称，内容在右侧，而封面、目录等页面不需要页眉。

将鼠标定位到正文处，在“插入”功能区的“页眉和页脚”组中单击“页眉”按钮，在弹出的下拉列表中选择一种页眉样式，如“怀旧”，如图 3－58 所示。

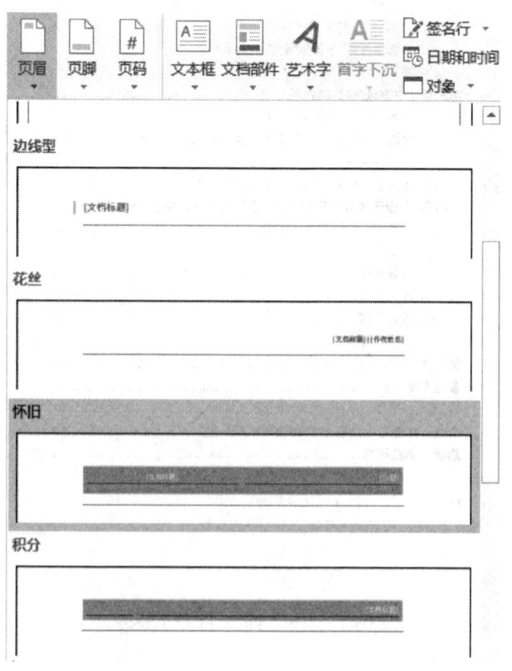

图 3－58　“怀旧”样式的页眉

进入“页眉和页脚”的编辑状态，在“页眉和页脚”扩展功能区的“导航”组中单击“链接到前一条页眉”按钮，取消该选项的选中状态，然后单击“上一节”按钮，切换到上一节的页眉区，由于封面、目录等不需要设置页眉，因此需要用鼠标拖动的方式选中封面、目录等页眉区域，然后右击鼠标，在弹出的快捷菜单中选择“剪切”命令，删除插入的页眉，并在“开始”功能区的“段落”组中去掉页眉的横线，选无线框或选中页眉按 Ctrl＋Shift＋N 组合键。因为奇数页的页眉内容和偶数页的不同，所以还要勾选“奇偶页不同”选项，如图 3－59 所示。

图 3－59　“页眉”的设置

提示：在 Word 2016 中编辑页眉，有时会遇到“链接到前一条页眉”是灰色的，不能选择，也就是前后页眉不能分开编辑，不能设置不同的页眉。当光标在第 1、2 页的页眉里时，此按钮不可选，因为第 1、2 页为第一节，之前没有“节的链接”可断开或链接。解决方法是在“布局”功能区的“页眉设置”组中单击“分隔符”按钮，在“分节符”中选择“下一页”。

论文的正文部分要求有页码，页码位于文档的底端，类型为“普通数字 2”，页码格式为“-1-，-2-，-3-，...”，起始页为“-1-”。

在“插入”功能区的“页码和页脚”组中单击“页码”按钮，在弹出的下拉列表中选择“设置页码格式”命令，打开“页码格式”对话框，设置如图 3－60 所示。

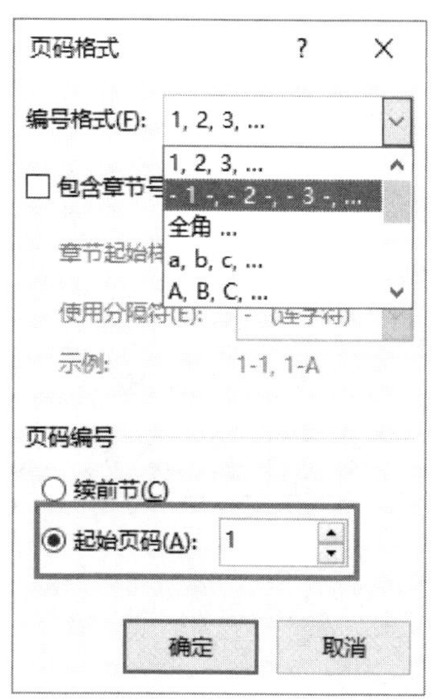

图 3－60　“页码格式”对话框

最终添加的奇数页页眉如图 3－61 所示，偶数页页眉如图 3－62 所示。

-3-

中国传统服饰在现代服装设计中的运用

图 3－61　奇数页页眉

-2-

艺术学院

图 3－62　偶数页页眉

第 4 章　演示文稿软件 PowerPoint 2016

4.1　制作岗位竞聘演示文稿

项目情境

王尔培在结束了 3 个月的实习期后，需要在同组 4 个实习生中进行经理助理的岗位竞聘，如果竞聘成功，就可以签订劳动合同成为公司的正式员工，否则就要离开公司重新寻找工作。所以需要设计一个 PPT 用于竞聘岗位。

实训目的

(1) 掌握演示文稿的创建方法。

(2)掌握在演示文稿中插入新幻灯片、文本框、形状和艺术字的方法，并进行属性的修改。

(3) 掌握修改幻灯片设计模板，进行统一格式设置的方法。

(4) 使用 PowerPoint 2016 制作“经理助理岗位竞聘”演示文稿，如图 4－1 所示。

图 4－1　“经理助理岗位竞聘”演示文稿

4.1.1　制作“封面”幻灯片

（1）启动 PowerPoint 2016 后，以“引用”模板创建演示文稿，修改模板字体为“绿色”，在标题框中输入“经理助理岗位竞聘”，字号为“80”，在副标题框中输入“实习生：王尔培”，修改字号为“24”，对齐方式为“右对齐”，如图 4－2 所示。

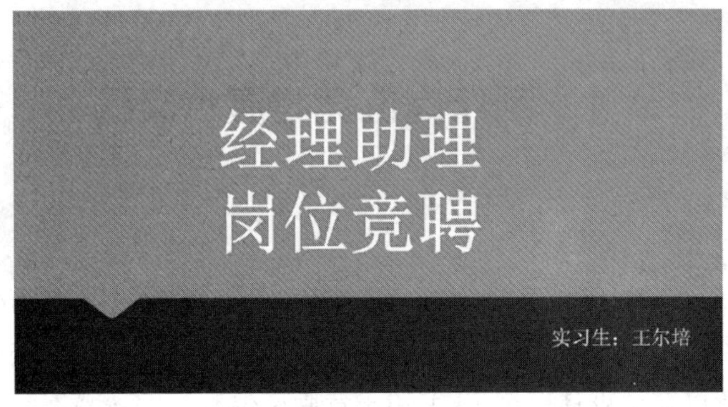

图 4－2　“封面”幻灯片

（2）插入“仅标题”版式幻灯片，修改演示文稿的模板为“蓝色”的“柏林”，调整标题与副标题的位置，如图 4－3 所示。

图 4－3　修改演示文稿的模板

4.1.2　制作“目录”幻灯片

（1）在第 2 张幻灯片标题框中输入“目录”，修改文字格式为“54 号，黑体”。插入 1 个“流程图：顺序访问存储器”的形状，修改样式为“强烈效果－青绿，强调颜色 2”，在形状里添加文字“01”，字体为“华文琥珀”，字号为“18”，颜色为“白色”。

（2）复制多份这个形状后，修改相应的文字内容。继续插入文本框，输入目录内容，修改文字格式为“24 号，宋体”，中文字体颜色为“白色”，英文颜色为“白色，文字 1，深色 50%”。在标题框右侧插入一个文本框，输入“助理竞聘”，格式为“32 号，华文琥珀”，颜色为“青绿，个性 3，淡色 80%”，如图 4－4 所示。

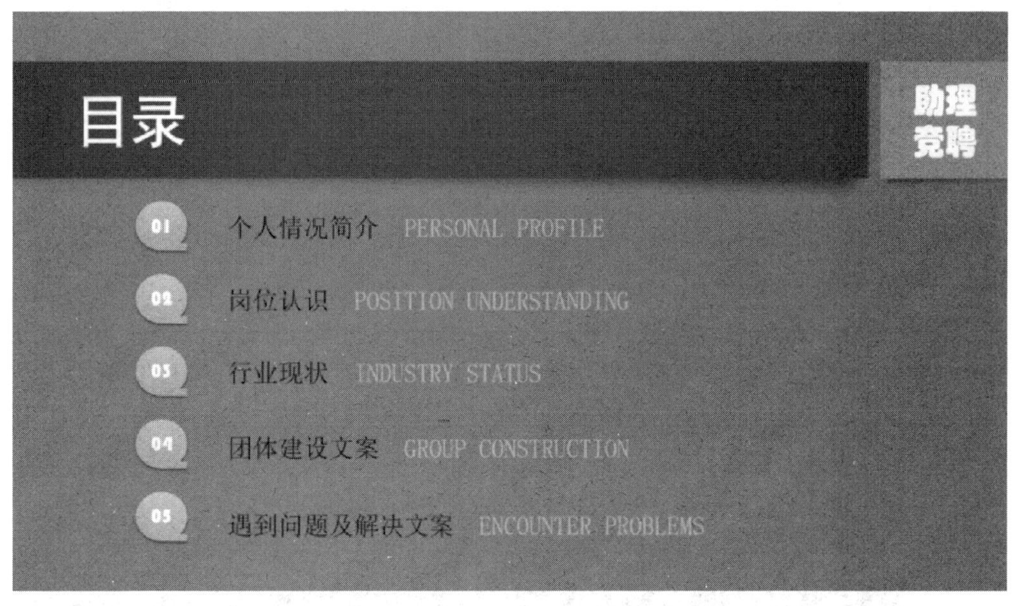

图 4－4　“目录”幻灯片

(3) 为了重点显示“目录”幻灯片，需要修改这张幻灯片的背景色。选中该幻灯片后，在“设计”功能区的“自定义”组中，修改“设置背景格式”为“图片或纹理填充”，选择“纹理”为“新闻纸”。最后将中文文本的颜色改为“黑色”，如图 4－5 所示。

图 4－5　修改背景格式

(4) 切换到“视图→幻灯片母版”中，如图 4－6 所示。在“内容与标题”版式中修改标题框中的文字字体为“黑体”，字号为“54”，如图 4－7 所示。用同样的方法修改“仅标题”版式字体为“黑体”，字号为“54”，如图 4－8 所示。

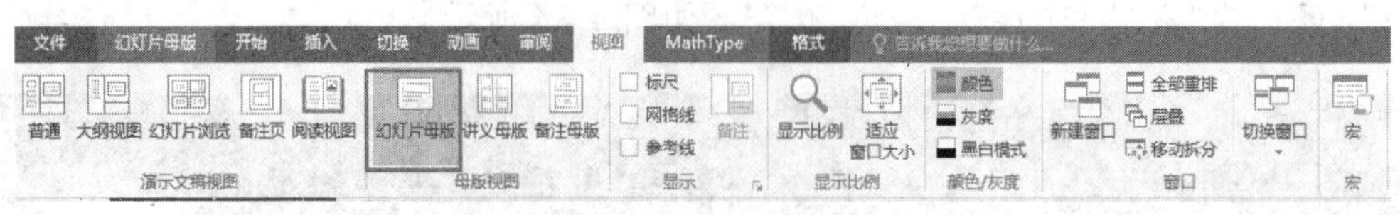

图 4-6　幻灯片母版

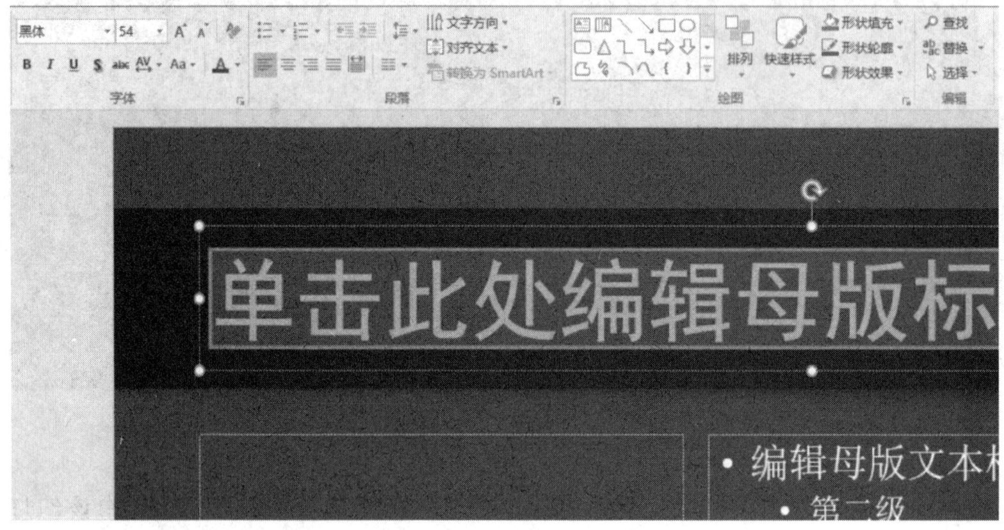

图 4-7　“内容与标题”版式字体格式修改

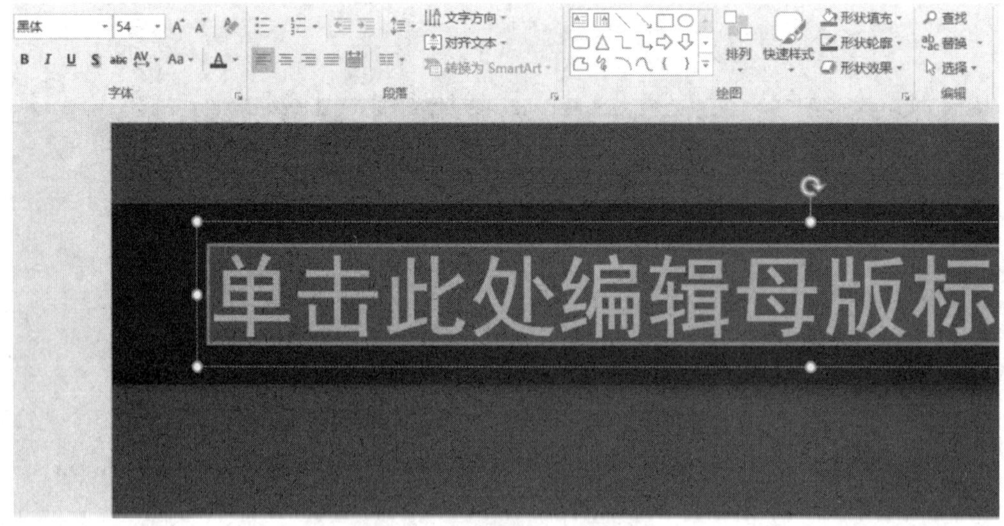

图 4-8　“仅标题”版式字体格式修改

4.1.3　制作“自我介绍”幻灯片

(1) 新建“仅标题”版式幻灯片，在标题框中输入“个人情况简介 PERSONAL PRO-

FILE”，修改英文字号为“20”。插入“素材”文件夹中的“头像.jpg”图片，图片样式修改为“柔化边缘椭圆”，添加“靠下”的透视阴影。

（2）在图片下方插入文本框，输入“王尔培”，修改文字格式为“32 号，黑色，华文琥珀”，文本框右侧插入“素材”文件夹中的“标识.png”图片。将“王尔培”文本框和该图片组合成一个对象，放在图片的阴影位置上方。

（3）在标题框右侧插入一个文本框，输入“助理竞聘”，格式为“32 号，华文琥珀”，颜色为“青绿，个性 3，淡色 80%”。

（4）插入文本框，输入文本“工作履历”，格式为 24 号，绘制一个白色和蓝色的圆形后组合成时间标识。将时间标识复制多份，修改彩色圆形的颜色为“绿色”和“橙色”，添加一条 3.5 磅的白色线条组合成工作时间标识条，插入多个文本框，输入工作履历内容。选择多个文本框左对齐后纵向均匀分布，如图 4－9 所示。

图 4－9　“自我介绍”幻灯片

4.1.4　制作“岗位认知”幻灯片

（1）新建“仅标题”版式幻灯片，在标题框输入“岗位认知 POSITION UNDER”，修改英文字号为“20”。在标题框右侧插入一个文本框，输入“助理竞聘”，格式为“32 号，华文琥珀”，颜色为“青绿，个性 3，淡色 80%”。

（2）绘制圆形，修改填充色为双色的“线性渐变”，两个颜色的终止点都是 50%。复制该圆形后删除填充色，修改线条颜色也为同样颜色的双色“线性渐变”，两个形状的相关属性设置如图 4－10 所示。

（3）在所绘图形内插入文本框，输入“经理助理”，格式为“32 号，黑体”，颜色为“青绿，个性 3，淡色 80%”。

图 4-10　图形属性设置

(4) 绘制多条 1.5 磅线段，颜色为“青绿，个性 2，深色 50%”，组合为分支指示线。再绘制多个矩形，样式为“强烈效果－青绿，强调颜色 2”，在图形内依次输入“24 号，黑体”文本内容。在各个图形下侧插入文本框，输入“18 号，黑体”文本内容，如图 4-11 所示。

图 4-11　工作角色内容设置

(5) 绘制一条 1.5 磅白色线条和一个样式为“浅色 1 轮廓，彩色填充-青绿，强调颜色 2”的矩形，在矩形里输入“24 号，黑体”文本内容。在矩形下侧插入文本框，输入“18

号，黑体”文本内容。该幻灯片如图 4 - 12 所示。

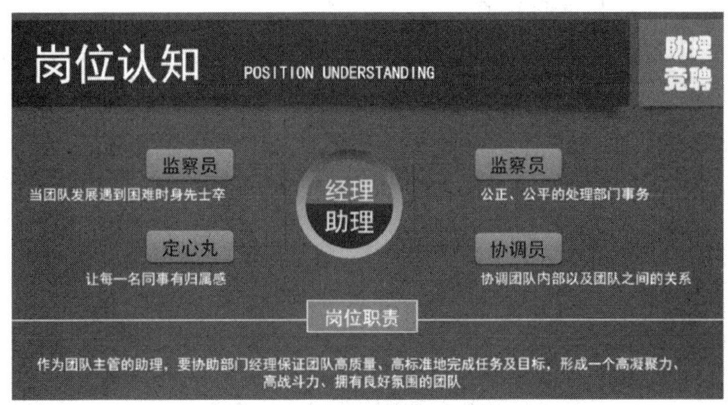

图 4 - 12　“岗位认知”幻灯片

4.1.5　制作“行业现状”幻灯片

新建“仅标题”版式幻灯片，在标题文本框中输入“行业现状 INDUSTRY STATUS”，修改英文字号为“20”，在标题框右侧插入一个文本框，输入“助理竞聘”，格式为“32 号，华文琥珀”，颜色为“青绿，个性 3，淡色 80%”。将素材文件夹中的“图片 1.png”和“图片 2.png”插入幻灯片中，绘制红色矩形，样式为“半透明-黑色，深色 1，无轮廓”，输入“28 号，黑体”文字内容，如图 4 - 13 所示。

图 4 - 13　“行业现状”幻灯片

4.1.6　制作“团队文化与建设文案”幻灯片

(1) 新建“仅标题”版式幻灯片，在标题文本框中输入“团体建设文案 GROUP CONSTRUCTION”，修改英文字号为“20”，在标题框右侧插入一个文本框，输入“助理竞聘”，格式为“32 号，华文琥珀”，颜色为“青绿，个性 3，淡色 80%”。打开“素材”文件夹，插入图片“3.png”和“图片 4.png”。

(2) 选中“图片 3”后，修改图片样式为“映像右透视”，打开窗口，修改“Y 旋转”为“0”。调整图片水平位置和垂直位置。

(3) 选中“图片 4”后，修改图片样式为“映像左透视”，打开窗口，修改“X 旋转”为“20”，“Y 旋转”为“0”。调整图片水平位置和垂直位置。

(4) 插入文本框，输入内容后修改文字格式为“32 号，黑体”。

该幻灯片如图 4-14 所示。

图 4-14 “团队文化与建设文案”幻灯片

4.1.7 制作“可能遇到的问题及解决方案”幻灯片

(1) 新建“仅标题”版式幻灯片，在标题文本框中输入“遇到问题及解决文案 ENCOUNTER PROBLEMS”，修改英文字号为“20”，在标题框右侧插入一个文本框，输入“助理竞聘”，格式为“32 号，华文琥珀”，颜色为“青绿，个性 3，淡色 80%”。

(2) 插入“素材”文件夹中的“图片 5.jpg”，修改图片样式为“旋转，白色”，添加“半映像，4pt 偏移量”的映像效果。插入文本框输入内容，标题文字的格式为“24 号，黑体”，正文部分的格式为“18 号，黑体”。该幻灯片如图 4-15 所示。

图 4-15 “可能遇到的问题及解决方案”幻灯片

4.1.8　制作“谢谢”幻灯片

(1) 新建“空白”版式幻灯片，在幻灯片右侧蓝色方框内插入一个文本框，输入“助理竞聘”，格式为“32 号，华文琥珀”，颜色为“青绿，个性 3，淡色 80%”。

(2) 插入样式为“填充-白色，文本 1，阴影”的艺术字“谢谢各位领导聆听”，在“艺术字样式”功能区中单击“文本效果”，在“转换”的“跟随路径”类型中选择“上弯弧”，旋转一定角度后放到幻灯片的左上角。

(3) 插入文本框，输入“实习生：王尔培”，在“文本效果”中转换成“倒三角”的弯曲样式，添加“紧密映像，接触”，如图 4-16 所示。

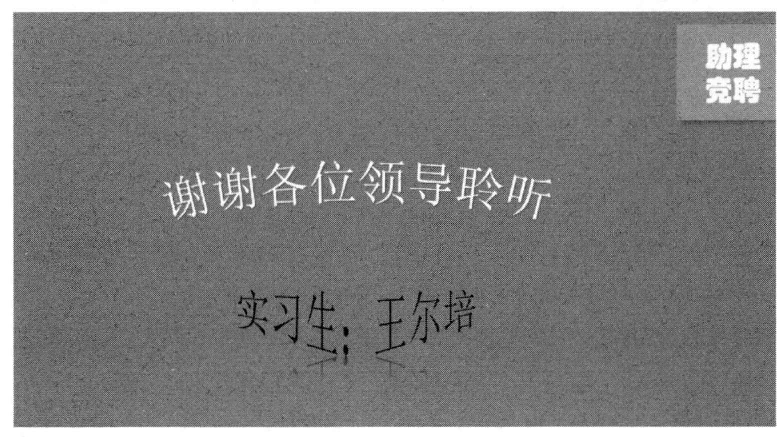

图 4-16　“谢谢”幻灯片

4.2　制作企业员工职业素质培训演示文稿

项目情境

在王尔培成功竞聘经理助理 1 年后，公司需要对新入职的顾问员工进行职业素质培训，这是他作为助理独立完成的第一个项目。作为一次工作能力的考核，如果这次的培训圆满举行，他可以从普通助理升职到顾问管理层，如果错过这次升迁就要再等 3 年。

实训目的

(1) 掌握演示文稿母版样式的修改。

(2) 掌握在演示文稿中添加动画和修改动画方案的方法。

(3) 掌握修改幻灯片切换及幻灯片放映方式的方法。

(4) 掌握在幻灯片中添加超链接和动作的方法。

(5) 使用 PowerPoint 2016 制作“企业员工职业素质培训”演示文稿，如图 4-17

所示。

图 4-17　“企业员工职业素质培训”演示文稿

4.2.1　修改幻灯片母版

幻灯片母版是一类特殊的幻灯片，幻灯片母板控制了所有幻灯片的某些共同特征，例如：文本的字体、颜色、字号、幻灯片背景及某些特殊效果。

修改幻灯片母版能够将背景图片和文件添加到母版上，应用于所有页面，使整个演示文稿格式统一，同时可以减少工作量，提高工作质量。

(1) 新建一个“空白演示文稿”模板文件，打开幻灯片母版，修改所有幻灯片背景为“新闻纸”，颜色为“中性”。

(2) 修改“标题幻灯片”母版主副标题位置的大小，绘制图形，输入文本“企业员工职业素质培训”，图形样式为“彩色填充-橙色，强调颜色 2，无轮廓”。插入“素材”文件夹中的“培训.jpg”图片，置于底层，如图 4-18 所示。

图 4-18　标题幻灯片母版修改

(3) 修改“标题和内容”母版内容占位符和标题占位符的位置，绘制图形，样式为

“浅色1轮廓，彩色填充-灰色-50%，强调颜色3”。插入“页码”的页脚，如图4-19所示。以同样的方式制作“仅标题”幻灯片母版后关闭母版。

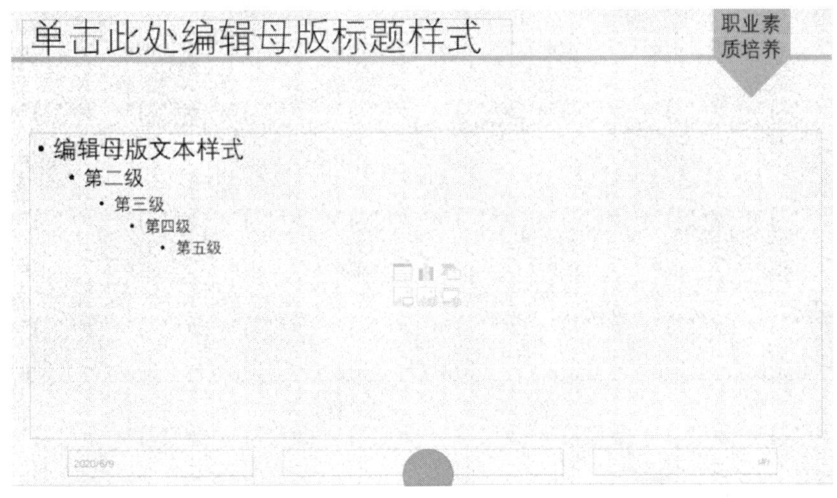

图4-19 标题和内容幻灯片母版

4.2.2 制作“封面”和“目录”幻灯片

(1) 打开标题幻灯片后，主标题输入“打造金牌顾问”，副标题输入“RULES”，修改字符间距为“加宽”，设置属性，效果如图4-20所示。

图4-20 “封面”幻灯片

(2) 对该幻灯片添加“传送带”的切换效果。

(3) 新建“仅标题”幻灯片，制作“目录”幻灯片，绘制五边形，样式为“强烈效果-灰色-50%，强调颜色3”。输入数字1，复制3个五边形并修改相应数字，插入文本框并输入相应文字。将每个数字标签和匹配的文本框组合成一个整体，所有组合都添加“向内溶解”的进入动画效果，修改所有动画激活条件为“与上一动画同时”，如图4-21所示。

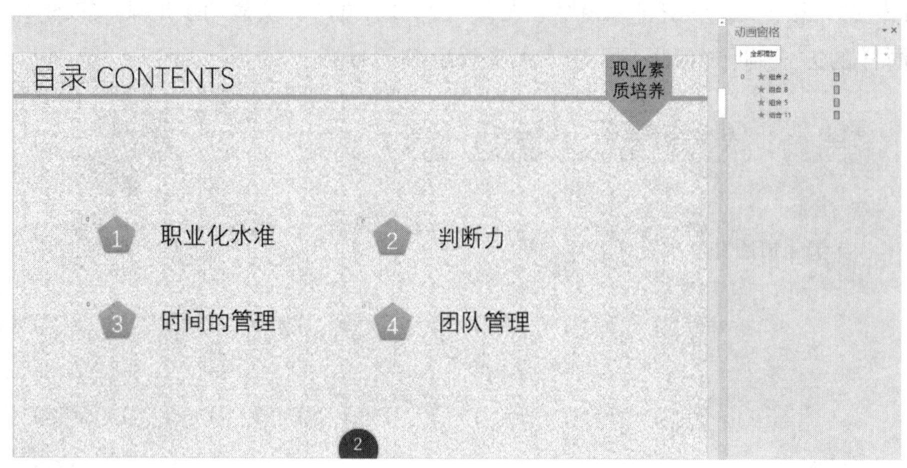

图 4-21 “目录”幻灯片

4.2.3 制作“职业化水准”幻灯片

(1) 新建“仅标题”幻灯片，标题输入“一、职业化水准”。从“素材”文件夹中找到“图片 1.jpg”插入幻灯片，在图片工具菜单中删去图片的背景，修改图片高度为“16.75 厘米”、宽度为“16.41 厘米”，图片水平位置为左上角 0 厘米，垂直位置为左上角 2.16 厘米。

(2) 绘制图形，插入文本框，输入“增强职业化素养”，继续绘制圆角矩形，修改形状后添加圆形的形状后组合，输入内容。对“增强职业化素养”文本框添加“脉冲”的强调动画。修改时间为“0.5 秒”，重复“直到幻灯片末尾”，激活条件为“与上一动画同时”，对两个组合形状添加“上浮”和“下浮”的进入动画，时间修改为“0.5 秒”，第二个组合形状的动画激活条件为“上一动画之后”，如图 4-22 所示。

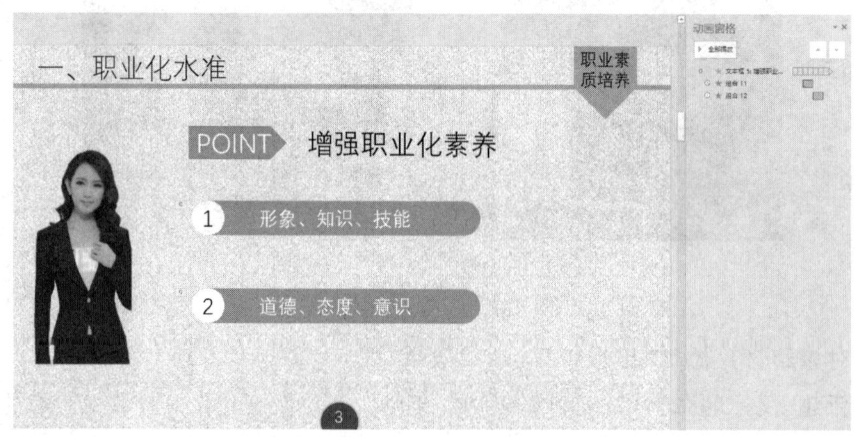

图 4-22 “增强职业化素养”幻灯片

(3) 复制这张幻灯片后，修改内容，对“知识改变命运”文本框添加 0.5 秒时长的

“脉冲”强调动画，修改重复为“直到幻灯片结束”。修改幻灯片切换为“自右侧”的“推进”切换动画，如图 4－23 所示。

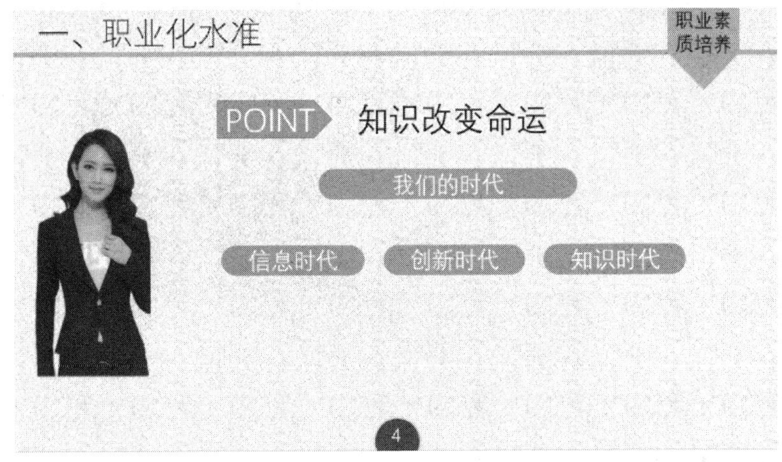

图 4－23　“知识改变命运”幻灯片

（4）复制上一张幻灯片，保留“POINT”形状，修改其他文本内容，如图 4－24 所示。

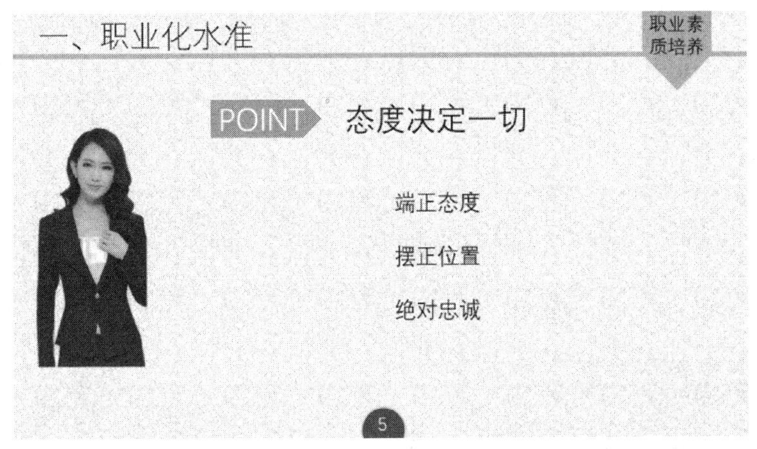

图 4－24　“态度决定一切”幻灯片

4.2.4　制作“判断力”幻灯片

（1）插入“仅标题”幻灯片，在标题框中输入文本“二、判断力 JUDGMENT”。从“素材”文件夹中找到“图片 2.jpg”插入幻灯片中，放大后置于底层。

（2）复制“POINT”形状，插入文本框，输入内容，对于“培养良好判断力”文本添加同样的“脉冲”强调动画，如图 4－25 所示。

图 4－25 “培养良好判断力”幻灯片

(3) 对该幻灯片添加“闪光”的切换动画。

4.2.5 制作“时间管理”幻灯片

(1) 插入“仅标题”幻灯片，在标题框中输入“三、时间管理 TIME MANAGEMENT”。

(2) 复制“POINT”形状，插入文本框，输入“高效的时间管理”，添加“脉冲”强调动画。

(3) 制作多个形状组合输入相关数字标识和内容，如图 4－26 所示。对这张幻灯片添加“自右侧”的“库”切换动画。

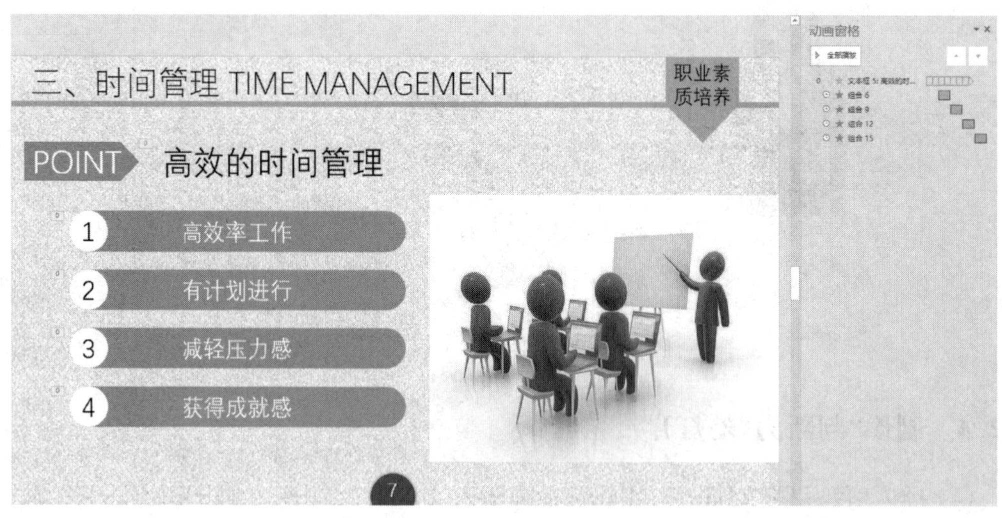

图 4－26 “高效的时间管理”幻灯片

(4) 复制“时间管理”幻灯片，修改文本框内容为“目标有序完成”。删除形状组合后，绘制多个圆形形状，输入内容。插入文本框输入“高效执行”，复制多份旋转后放于合适的位置，如图 4－27 所示。对这张幻灯片添加“自底部”“平移”的切换动画。

图 4-27　“目标有序完成”幻灯片

(5) 依次对“年度任务目标”“周计划”“高效执行”“月度计划”“高效执行”“季度计划”“高效执行”添加 0.5 秒“淡出”的进入动画，对圆形轮廓线添加 2 秒“轮子”进入动画，除了“年度任务目标”动画激活条件为“鼠标单击”外，其他所有动画激活条件均为“上一动画之后”，将圆形轮廓线动画放到“年度任务目标”之后。

4.2.6　制作“团队精神”幻灯片

(1) 新建“仅标题”幻灯片，标题框中输入“四、团队精神 TEAM PLAYER”，复制“POINT”形状，插入文本框，输入内容“好的沟通技巧”，添加“脉冲”强调动画。

(2) 插入文本框，输入内容，左对齐排列。从“素材”文件夹中找到“图片 7.png”，插入幻灯片，缩放到 67%，水平位置为左上角 17.99 厘米，垂直位置为左上角 2.19 厘米，如图 4-28 所示。给幻灯片添加“涟漪”的切换动画。

图 4-28　“好的沟通技巧”幻灯片

(3) 复制“好的沟通技巧”幻灯片，文本框内容修改为“沟通好方法”，删除其余文本框，绘制多个圆形后输入文本，调整圆形上下层的关系，如图 4-29 所示。修改幻灯片切换动画为“页面卷曲”。

图 4-29 “沟通好方法”幻灯片

(4) 复制“沟通好方法”幻灯片，文本框内容修改为“时刻学知识”。删除图片和形状，绘制多个圆形，输入内容，调整上下层关系，如图 4-30 所示。

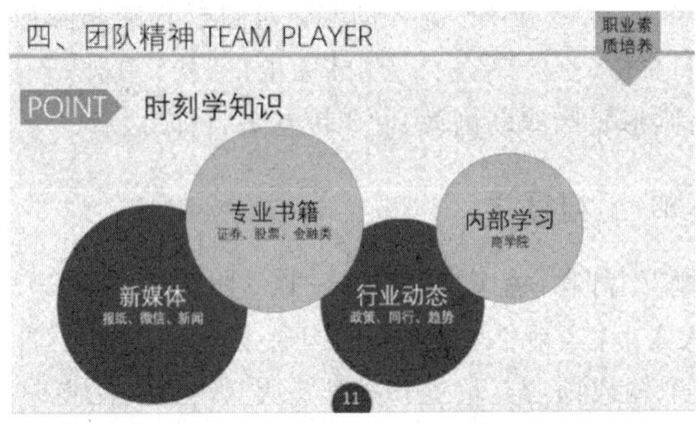

图 4-30 “时刻学知识”幻灯片

(5) 复制“时刻学知识”幻灯片，文本框内容修改为“我们需要维护”，删除圆形的形状后，重新绘制多个形状组合，输入文本并“居中”对齐，如图 4-31 所示。

图 4-31 “我们需要维护”幻灯片

4.2.7　制作“谢谢”幻灯片

(1) 插入“空白幻灯片”，绘制两个矩形，输入文本内容，格式为“115 号，微软雅黑”。为幻灯片添加“日式折纸”切换动画。

(2) 在幻灯片内插入“图案填充-灰色-50%，个性色 3，窄横线，内部阴影”样式的艺术字，输入“REPLAY”放到形状的右下侧，如图 4-32 所示。

图 4-32　谢谢幻灯片

(3) 插入动作为“单击鼠标”时“超链接到第一张幻灯片”，播放声音为“breeze.wav”，勾选“单击时突出显示”。

4.2.8　添加超链接

(1) 打开“目录”幻灯片，将“职业化水准”文本框超链接到第 3 张幻灯片，“判断力”文本框超链接到第 6 张幻灯片，“时间的管理”超链接到第 7 张幻灯片，“团队管理”文本框超链接到第 9 张幻灯片。

(2) 将第 5 张幻灯片的图片超链接到第 2 张幻灯片。

(3) 在第 6 张幻灯片中插入图形，输入“返回”并超链接到第 2 张幻灯片。

(4) 分别将第 8 张和第 12 张幻灯片的图片超链接到第 2 张幻灯片。

4.2.9　修改幻灯片放映方式

(1) 在“幻灯片放映”功能区中设置“放映类型”为“演讲者放映”，修改“换片”方式为“手动”，勾选“使用演示者视图”，如图 4-33 所示。

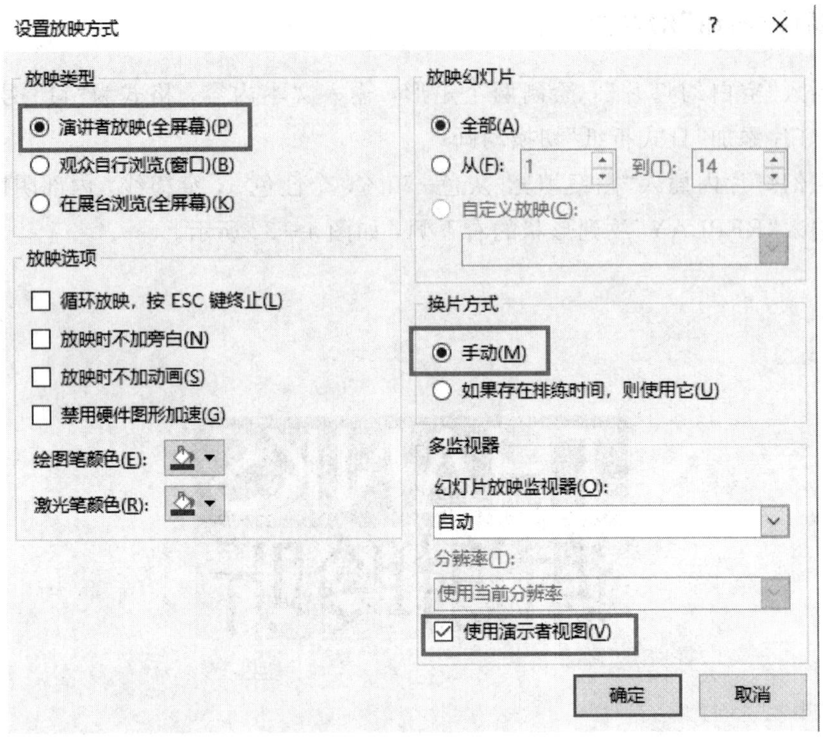

图 4-33　设置放映方式

(2) 将演示文稿导出为“PowerPoint 97-2003 演示文稿(*.ppt)”类型文件。

提示：文稿保存为低版本，可以很容易在高版本上打开，反之则不然。

第 5 章　电子表格软件 Excel 2016

5.1　公司员工情况表的制作

项目情境

进入实习单位后，徐经理让李晓东利用 Excel 制作一份公司员工情况表，并以“公司员工情况表”为名称进行保存。李晓东获得公司各位员工的基本信息后，利用 Excel 2016 制作了一份“公司员工情况表”，以便徐经理和公司各位员工查看。

实训目的

(1) 掌握工作簿和工作表的创建方法，学会工作表中数据的录入、编辑、处理和保存。

(2) 学会工作表的格式设置，掌握调整工作表行高和列宽、设置单元格格式等的方法。

(3) 学会利用单元格格式命令设置单元格格式，如设置数据对齐方式、字体、底纹等。

(4) 制作的“公司员工情况表”工作簿的效果如图 5-1 所示。

	A	B	C	D	E	F	G	H	I
1	公司员工情况表								
2	编号	姓名	身份证号	出生日期	性别	年龄	工龄	学历	所属部门
3	0001	李晓东	132701197602148571	1976/2/14	男	44	24	硕士	财务部
4	0002	张正	132701197006136573	1970/6/13	男	50	22	大专	销售部
5	0003	徐丽珍	132701198602135579	1986/2/21	女	34	13	硕士及以上	研发部
6	0004	翁立飞	132701198102284570	1981/2/28	男	39	17	硕士	服务部
7	0005	陈亮	132701198002138572	1980/2/13	女	40	10	本科	服务部
8	0006	徐建波	132701198208167578	1982/8/16	男	38	16	大专	销售部
9	0007	徐奔	132701197602134570	1976/2/13	男	44	24	本科	服务部
10	0008	陶小康	132701197504243578	1975/4/24	男	45	25	硕士及以上	研发部
11	0009	刘芳	132701198201232522	1982/1/23	女	38	8	本科	销售部

图 5-1　“公司员工情况表”效果图

5.1.1　创建“公司员工情况表”工作簿

启动 Excel 2016，系统将自动创建一个名为“工作簿 1”的空白工作簿。若要将工作簿另存，可在“文件”功能区中单击“另存为”选项。在打开的“另存为”对话框中重新设置工作簿的保存位置和工作簿名称等，然后单击“保存”按钮。

5.1.2 输入工作表数据

打开“公司员工情况表”工作簿，单击“Sheet1 工作表标签”，将鼠标指针定位到 A1 单元格，输入“编号”，在 A2 单元格输入作为文本型显示的数值数据“0001”，此时需要选中第 1 列，通过“设置单元格格式”将“数字”选项卡下的“分类”选项设置成“文本”，如图 5-2 所示。点击“确定”按钮后，输入数字序号“0001”。

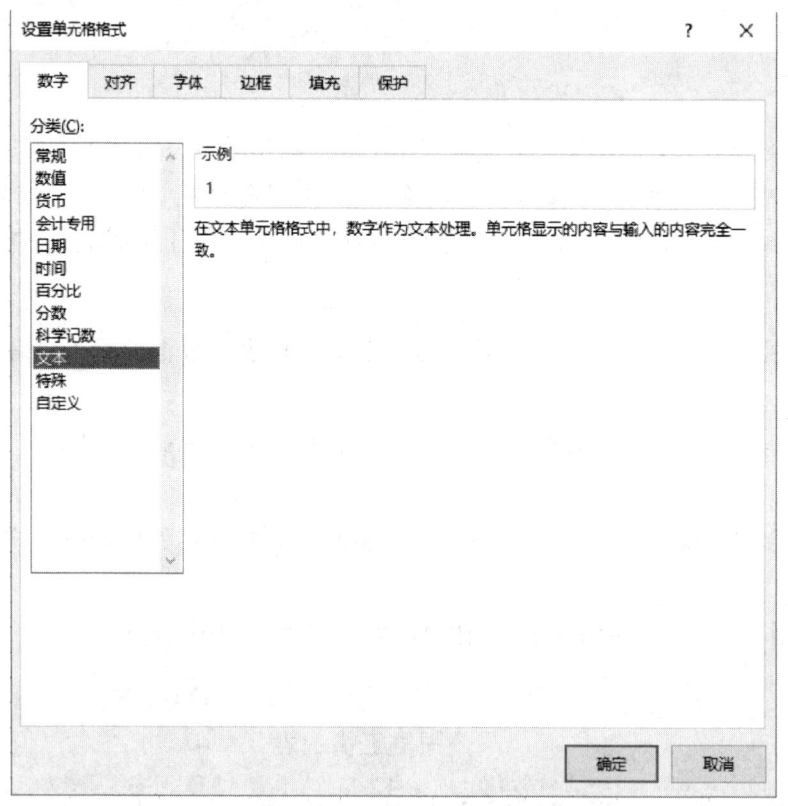

图 5-2 设置单元格格式

选中 A2 单元格，将鼠标指针放置在选定单元格右下角的小黑方块(即填充柄)上，当光标变成“+”字形时，按住鼠标左键向下拖动直到 A32 单元格，释放鼠标即可填充所有员工的编号。

利用快捷键在“学历”“所属部门”及“性别”列中输入数据。以“所属部门”为例，单击 I 2 单元格，按住 Ctrl 键，选中要输入相同数据的其他单元格，在其中一个单元格输入“销售部”。按 Ctrl+Enter 组合键可同时在多个不相邻单元格中输入相同的数据，如图 5-3 所示。

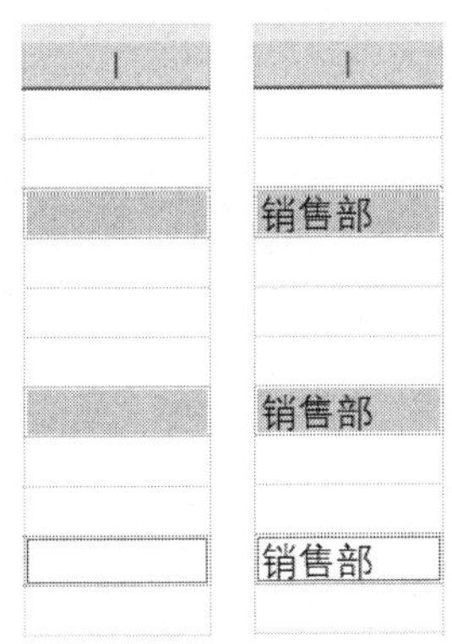

图 5-3　在不相邻单元格中输入相同数据

“身份证号”列要先设为“文本”格式，再输入身份证号。如果按普通格式输入，则会出现如图 5-4 所示的情况，即身份证号以科学计数法的形式显示，并且最后 3 位都默认为 0。数据以“文本”格式输入的参考效果如图 5-5 所示。

“出生日期”列要采用“日期”格式输入数据。

	A	B	C	D
1	编号	姓名	身份证号	出生日期
2	0001		1.32701E+17	
3	0002			
4	0003			

图 5-4　在“常规”格式下输入身份证号

	A	B	C	D
1	编号	姓名	身份证号	出生日期
2	0001		132701197602148571	
3	0002		132701197006136573	
4	0003		132701198602135579	

图 5-5　在“文本”格式下输入身份证号

5.1.3　编辑工作表数据

在单元格中输入数据后，可利用 Excel 的编辑功能对数据进行各种编辑操作，如修改数据、消除单元格数据和查找数据等。

(1) 修改数据：在选中的单元格中直接修改或用编辑栏进行修改。

(2) 清除单元格数据：选择单元格后按 Delete 键。

(3) 查找数据：要在工作表中查找需要的数据，可单击工作表中的任意单元格，然后在“开始”功能区的“编辑”组中单击“查找和替换”按钮，在下拉列表中选择“查找”选项，打开“查找和替换”对话框，在“查找内容”文本框中输入要查找的内容，然后单击

“查找下一个”按钮，如图 5－6 所示。

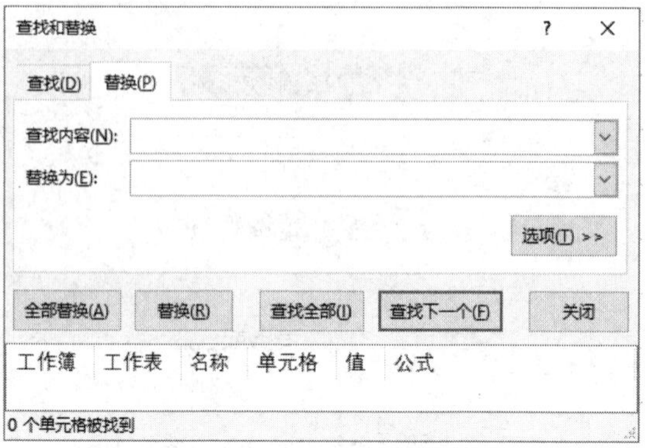

图 5－6　查找和替换数据

5.1.4　调整表格

在单元格中输入数据时，经常会遇到这种情况：有的单元格中的文字只显示一半，有的单元格显示一串“#”号，在编辑栏中却能看到对应单元格的完整数据。其原因是单元格的宽度不够，需要调整工作表的行高或列宽。

操作方法：把鼠标指针移动到行的上/下行边界处，当鼠标指针变成形状时，拖动鼠标调整行高，这时 Excel 会自动显示行的高度值。

把鼠标指针移动到该列与左/右列的边界处，当鼠标指针变成形状时，拖动鼠标调整列宽，这时 Excel 会自动显示列的宽度值。

5.1.5　重命名工作表

双击“Sheet1”标签即可将“Sheet1”重命名为“员工情况表”。也可以在“Sheet 1”工作表标签处右击，在弹出的快捷菜单中选择“重命名”命令，如图 5－7 所示。

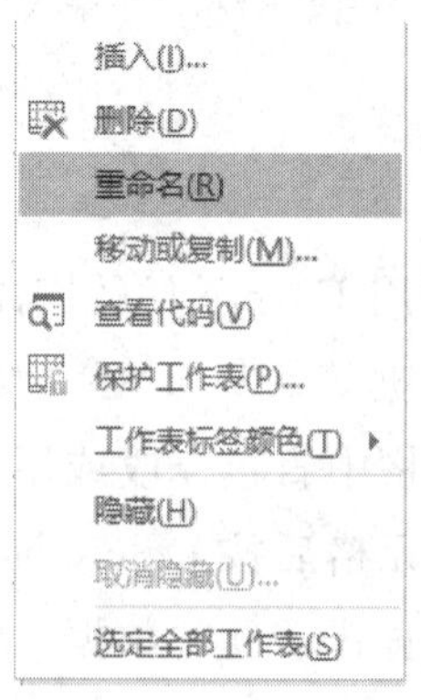

图 5－7　选择“重命名”命令

5.1.6　为工作表增加标题

在“公司员工情况表”工作表第 1 行前面插入一行，添加标题“公司员工情况表”，合并 A1～I1 单元格区域后居中，如图 5－8 所示。

	A	B	C	D	E	F	G	H	I
1	公司员工情况表								
2	编号	姓名	身份证号	出生日期	性别	年龄	工龄	学历	所属部门
3	0001	李晓东	132701197602148571	1976/2/14	男	44	24	硕士	财务部
4	0002	张正	132701197006136573	1970/6/13	男	50	22	大专	销售部
5	0003	徐丽珍	132701198602135579	1986/2/21	女	34	13	硕士及以上	研发部
6	0004	翁立飞	132701198102284570	1981/2/28	男	39	17	硕士	服务部
7	0005	陈亮	132701198002138572	1980/2/13	女	40	10	本科	服务部
8	0006	徐建波	132701198208167578	1982/8/16	男	38	16	大专	销售部
9	0007	徐奔	132701197602134570	1976/2/13	男	44	24	本科	服务部
10	0008	陶小康	132701197504243578	1975/4/24	男	45	25	硕士及以上	研发部
11	0009	刘芳	132701198201232522	1982/1/23	女	38	8	本科	销售部

图 5－8　添加标题效果

5.1.7　设置单元格格式

（1）设置标题行，行高为“28”，字体为“黑体”并“加粗”，字号为“16”，图案为“红色”。将光标定位在第 1 行标题上，在“开始”功能区的“单元格”组中单击“格式”的下三角按钮，弹出如图 5－9 所示的菜单，选择“行高”命令，在弹出的“行高”对话框中，在“行高”文本框中输入“28”，如图 5－10 所示。

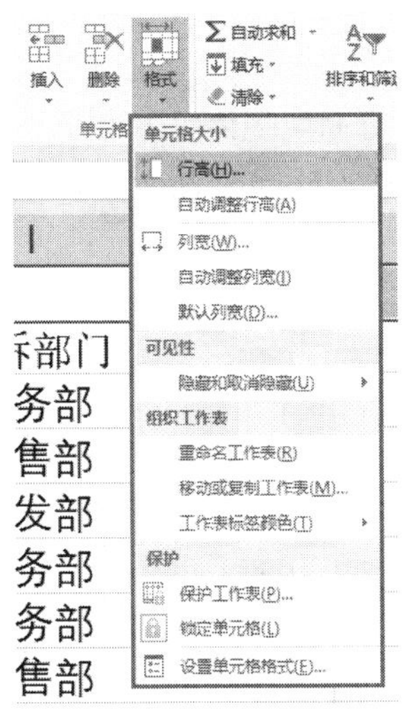

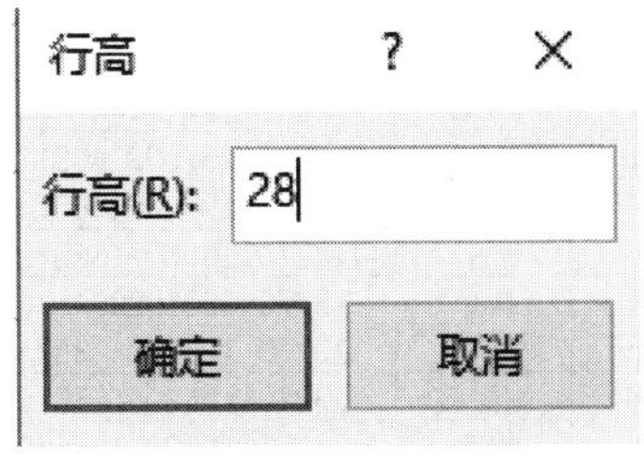

图 5－9　设置单元格大小　　　　图 5－10　设置单元格行高

（2）选中标题所在单元格，右击鼠标，在弹出的快捷菜单中选择“设置单元格格式”命令，打开“设置单元格格式”对话框，分别在“字体”“边框”“填充”选项卡中进行字体、填充效果、边框等的设置，如图 5－11 所示。

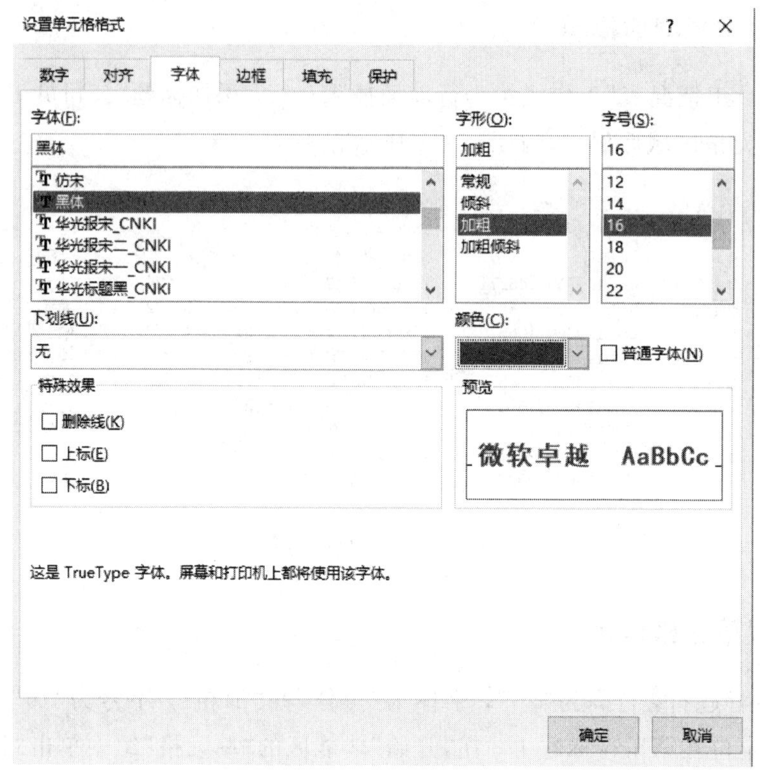

图 5-11　设置单元格格式

（3）设置 A2～I2 单元格，行高为“15”，字体为“楷体”并“加粗”，字号为“12”，图案为“蓝色”，单元格对齐方式为水平和垂直方向都“居中”。

（4）为表中的数据单元格 A3:I3 进行如下设置：行高、字体、字大小、图案都保持默认值；对齐方式为水平和垂直方向都“居中”，最后给表格加上细实线边框，以原文件名称保存工作簿文件，效果如图 5-12 所示。

	A	B	C	D	E	F	G	H	I
1	公司员工情况表								
2	编号	姓名	身份证号	出生日期	性别	年龄	工龄	学历	所属部门
3	0001	李晓东	132701197602148571	1976/2/14	男	44	24	硕士	财务部
4	0002	张正	132701197006136573	1970/6/13	男	50	22	大专	销售部
5	0003	徐丽珍	132701198602135579	1986/2/21	女	34	13	硕士及以上	研发部
6	0004	翁立飞	132701198102284570	1981/2/28	男	39	17	硕士	服务部
7	0005	陈亮	132701198002138572	1980/2/13	女	40	10	本科	服务部
8	0006	徐建波	132701198208167578	1982/8/16	男	38	16	大专	销售部
9	0007	徐奔	132701197602134570	1976/2/13	男	44	24	本科	服务部
10	0008	陶小康	132701197504243578	1975/4/24	男	45	25	硕士及以上	研发部
11	0009	刘芳	132701198201232522	1982/1/23	女	38	8	本科	销售部

图 5-12　“公司员工情况表”效果图

5.2　公式、相对引用和绝对引用

项目情景

徐经理让李晓东对员工的工资进行分析、统计，分析各职员工资占总工资的百分比，统计后制作一份“职员工资分析表”，以便公司总经理查看员工的工资占公司员工总工资的情况。

毕业之前，某学校安排一批实习生到本公司实习，徐经理就让李晓东利用 Excel 2016 制作一份 2018 年第二学期成绩表，作为用人单位了解实习生的依据，以便徐经理掌握实习生的基本情况。

实训目的

（1）掌握公式、相对引用、绝对引用及混合引用的概念。

（2）掌握公式、相对引用、绝对引用及混合引用的应用。

（3）熟悉相对引用、绝对引用及混合引用的应用环境。

（4）制作“职员工资分析表”，输入基本数据，如图 5-13 所示，制作完成效果如图 5-14 所示。

	A	B	C
1	职员工资分析表		
2	姓名	工资	各职员工资占总工资的百分比
3	夏小米	5684	
4	夏敬利	6358	
5	武妍	8251	
6	李红	18656	
7			
8	总工资		

图 5-13　制作“职员工资分析表”

	A	B	C
1	职员工资分析表		
2	姓名	工资	各职员工资占总工资的百分比
3	夏小米	5684	14.59%
4	夏敬利	6358	16.32%
5	武妍	8251	21.18%
6	李红	18656	47.90%
7			
8	总工资	38949	

图 5-14　“职员工资分析表”制作完成效果

（5）掌握公式的使用方法。

（6）掌握常用函数 SUM、MAX 的使用方法。

（7）掌握 COUNTA、COUNTIF、IF 函数的使用方法。

（8）掌握公式和函数混合使用的方法。

（9）建立 Excel 文档，输入基本数据，并将操作结果以“实习人员成绩.xlsx”为文件名保存。

5.2.1　求职员总工资

（1）将光标置于 B8 单元格，在“公式”功能区的“函数库”组中单击“插入函数”，在“选择类别”中选择“全部函数”，在“选择函数”中选择“SUM 函数”，单击“确定”按钮，弹出如图 5－15 所示对话框。

（2）手动将“Number 1”文本框中的“B3：B7”改为“B3：B6”，单击“确定”按钮（注：B8 中的公式是“＝SUM（B3：B6）”），即可在 B8 中算出职员的总工资，如图 5－16 所示。

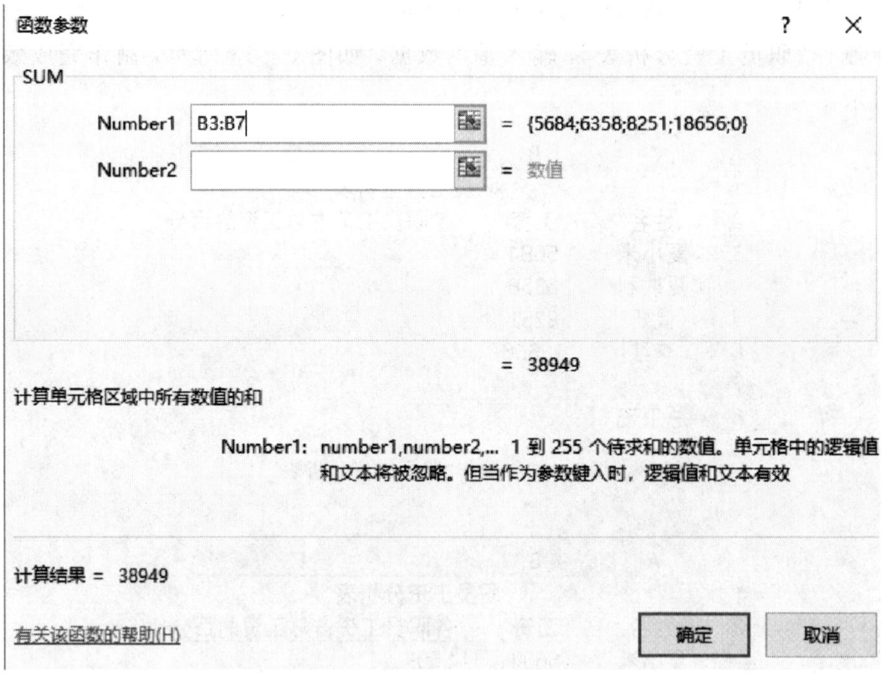

图 5－15　SUM 函数参数设置

	A	B	C
1	职员工资分析表		
2	姓名	工资	各职员工资占总工资的百分比
3	夏小米	5684	
4	夏敬利	6358	
5	武妍	8251	
6	李红	18656	
7			
8	总工资	38949	

图 5-16 职员总工资求和

5.2.2 求职员工资占总工资的百分比

(1) 在单元格中输入混合引用公式。将光标置于 C3 单元格，输入公式"=B3/$B$8"，如图 5-17 所示。

	A	B	C
1	职员工资分析表		
2	姓名	工资	各职员工资占总工资的百分比
3	夏小米	5684	=B3/$B$8
4	夏敬利	6358	
5	武妍	8251	
6	李红	18656	
7			
8	总工资	38949	

图 5-17 混合引用公式

(2) 按 Enter 键，然后将鼠标指针放置在 C3 单元格右下角的小黑方块(即填充柄)上，当光标变成"+"字形时，按住鼠标左键向下拖动直到 C6 单元格，释放鼠标左键即可填充所有职员的工资占总工资的百分比，此时是小数格式，如图 5-18 所示。

	A	B	C
1	职员工资分析表		
2	姓名	工资	各职员工资占总工资的百分比
3	夏小米	5684	0.145934427
4	夏敬利	6358	0.163239108
5	武妍	8251	0.211841126
6	李红	18656	0.47898534
7			
8	总工资	38949	

图 5-18 职员工资占总工资的百分比(小数形式)

5.2.3　设置百分比形式

（1）选中 C3：C6 单元格区域，右击鼠标，在弹出的快捷菜单中选择“设置单元格格式”命令，在打开的对话框中单击“数字”选项卡，在“分类”中选择“百分比”，调整“小数位数”为“2”位，如图 5－19 所示。

（2）单击“确定”按钮，效果如图 5－20 所示。

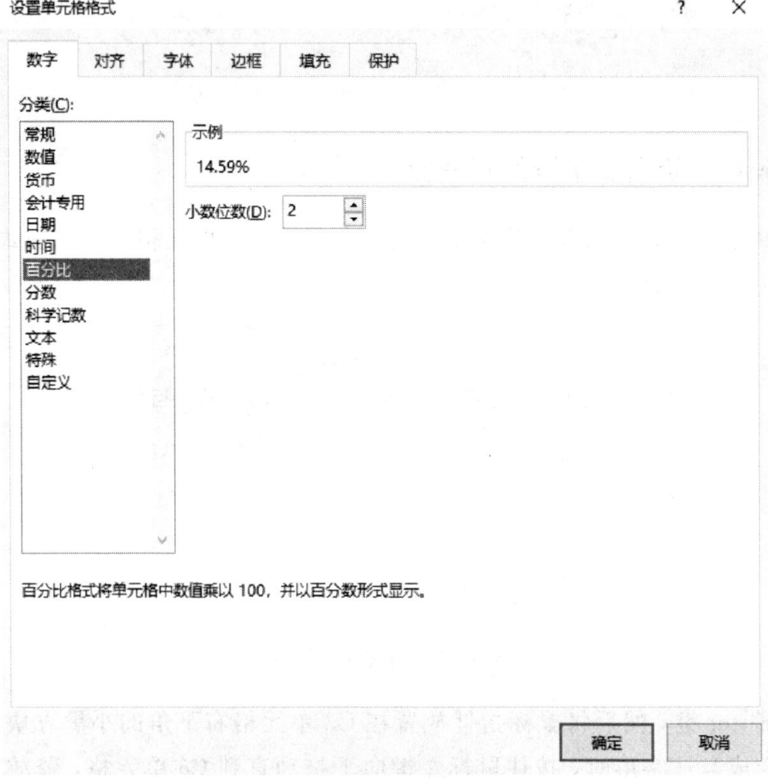

图 5－19　设置百分比格式对话框

	A	B	C
1	职员工资分析表		
2	姓名	工资	各职员工资占总工资的百分比
3	夏小米	5684	14.59%
4	夏敬利	6358	16.32%
5	武妍	8251	21.18%
6	李红	18656	47.90%
7			
8	总工资	38949	

图 5－20　职员工资占总工资的百分比效果图（百分比形式）

5.2.4　新建工作簿

启动 Excel 2016，在 Sheet1 工作表第 1 行输入“2018 年第二学期成绩表”，在第 2 行输入标题列信息；按照图 5－21 的内容输入学号、姓名、各门课程考试成绩等。

	A	B	C	D	E	F	G	H	I
1	2018 年第二学期成绩表								
2	学号	姓名	英语	听力	高数	物理	英语折合分	总分	总评
3	20140301	李晓东	64	96	83	88			
4	20140302	张正	73	82	92	89			
5	20140303	徐丽珍	82	93	77	90			
6	20140304	翁立飞	81	73	80	65			
7	20140305	陈亮	65	78	75	82			
8	20140306	徐建波	56	64	80	73			
9	20140307	徐奔	37	66	58	62			
10	20140308	陶小康	71	53	72	54			
11	20140309	刘芳	63	76	80	70			
12	20140310	田东鹏	85	68	86	70			
13	最高分								
14	总人数								
15	不及格人数								

图 5－21　2018 年第二学期成绩表

5.2.5　计算英语折合分

（1）计算英语折合分(英语折合分＝英语×60％＋听力×40％)，精确到小数点后一位。在 G3 单元格内输入公式“＝C3 * 60％＋D3 * 40％”，或“＝C3 * . 6＋D3 * . 4”，如图 5－22 所示，按 Enter 键结束输入，便求得李晓东同学的英语折合分。

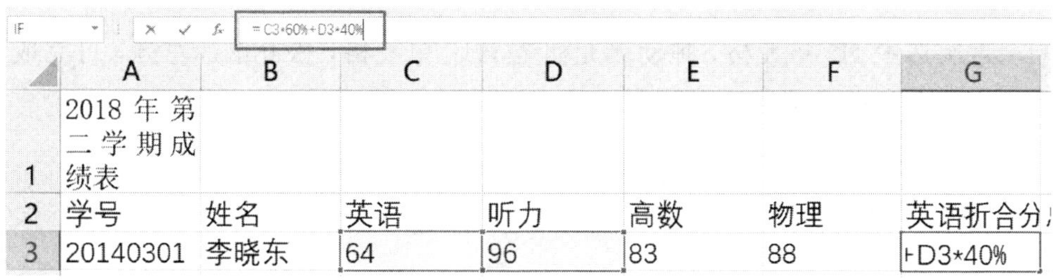

	A	B	C	D	E	F	G
1	2018 年第二学期成绩表						
2	学号	姓名	英语	听力	高数	物理	英语折合分
3	20140301	李晓东	64	96	83	88	+D3*40%

图 5－22　英语折合分公式输入

（2）选中 G3 单元格，将光标移到 G3 单元格右下角，当光标变成黑“＋”字时按住鼠标左键将其拖动到 G12 单元格，松开鼠标左键，完成公式复制，即可计算得到其他同学的英语折合分，如图 5－23 所示。

	A	B	C	D	E	F	G
1	2018 年第二学期成绩表						
2	学号	姓名	英语	听力	高数	物理	英语折合分
3	20140301	李晓东	64	96	83	88	76.8
4	20140302	张正	73	82	92	89	76.6
5	20140303	徐丽珍	82	93	77	90	86.4
6	20140304	翁立飞	81	73	80	65	77.8
7	20140305	陈亮	65	78	75	82	70.2
8	20140306	徐建波	56	64	80	73	59.2
9	20140307	徐奔	37	66	58	62	48.6
10	20140308	陶小康	71	53	72	54	63.8
11	20140309	刘芳	63	76	80	70	68.2
12	20140310	田东鹏	85	68	86	70	78.2

图 5-23　英语折合分公式填充复制结果

5.2.6　计算总分

计算总分，精确到小数点后一位。

(1) 选中 H3 单元格，在“公式”选项卡的“函数库”组中单击“自动求和”按钮，系统会自动调用 SUM 函数，默认函数参数为 C3:G3，更改参数为 E3:G3 单元格区域，如图 5-24 所示，可求出李晓东同学的总分。

	A	B	C	D	E	F	G	H	I
1	2018 年第二学期成绩表								
2	学号	姓名	英语	听力	高数	物理	英语折合分	总分	总评
3	20140301	李晓东	64	96	83	88	76.8	=SUM(E3:G3)	
4	20140302	张正	73	82	92	89	76.6	SUM(number1, [number2], ...)	

图 5-24　自动求和计算总分

(2) 再次选中 H3 单元格，拖动填充柄至 H12 单元格，松开鼠标左键，可完成其他同学的总分计算，填充结果如图 5-25 所示。

	A	B	C	D	E	F	G	H
1	2018 年第二学期成绩表							
2	学号	姓名	英语	听力	高数	物理	英语折合分	总分
3	20140301	李晓东	64	96	83	88	76.8	247.8
4	20140302	张正	73	82	92	89	76.6	257.6
5	20140303	徐丽珍	82	93	77	90	86.4	253.4
6	20140304	翁立飞	81	73	80	65	77.8	222.8
7	20140305	陈亮	65	78	75	82	70.2	227.2
8	20140306	徐建波	56	64	80	73	59.2	212.2
9	20140307	徐奔	37	66	58	62	48.6	168.6
10	20140308	陶小康	71	53	72	54	63.8	189.8
11	20140309	刘芳	63	76	80	70	68.2	218.2
12	20140310	田东鹏	85	68	86	70	78.2	234.2

图 5-25　总分填充结果

(3) 选中英语折合分和总分两列，在“开始”选项卡的“数字”组中单击增加小数位数按钮“ ”，结果保留两位小数，如图 5-26 所示。

	A	B	C	D	E	F	G	H
1	2018 年 第 二 学 期 成 绩表							
2	学号	姓名	英语	听力	高数	物理	英语折合分	总分
3	20140301	李晓东	64	96	83	88	76.80	247.80
4	20140302	张正	73	82	92	89	76.60	257.60
5	20140303	徐丽珍	82	93	77	90	86.40	253.40
6	20140304	翁立飞	81	73	80	65	77.80	222.80
7	20140305	陈亮	65	78	75	82	70.20	227.20
8	20140306	徐建波	56	64	80	73	59.20	212.20
9	20140307	徐奔	37	66	58	62	48.60	168.60
10	20140308	陶小康	71	53	72	54	63.80	189.80
11	20140309	刘芳	63	76	80	70	68.20	218.20
12	20140310	田东鹏	85	68	86	70	78.20	234.20

图 5-26　选中列保留两位小数设置结果

5.2.7　计算最高分

(1) 选中 C13 单元格，在“公式”选项卡的“函数库”组中单击“插入函数”按钮，打开如图 5-27 所示的“插入函数”对话框。

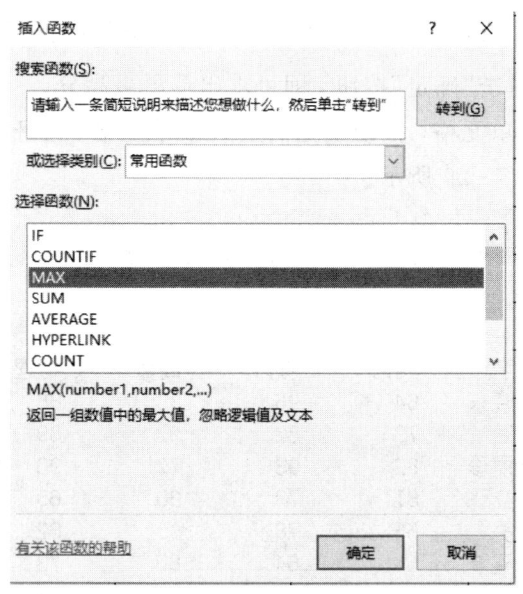

图 5-27　“插入函数”对话框

(2) 在“常用函数”的“选择函数”列表中选择“MAX”函数，或在“或选择类别”列表中选择“统计”，在“选择函数”列表中选择“MAX”函数，单击“确定”按钮，打开如图 5-28 所示的“函数参数”对话框。

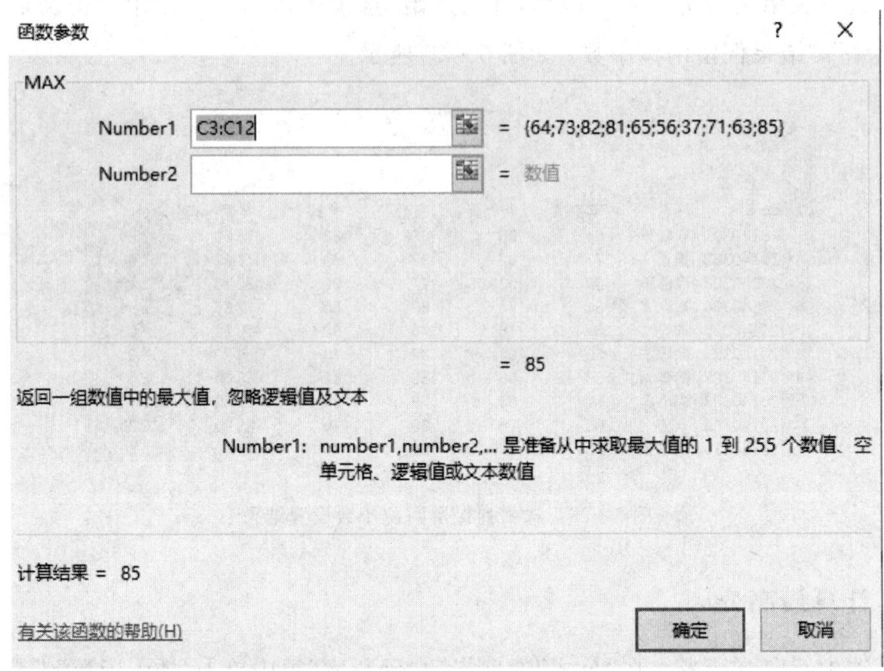

图 5－28　“函数参数”对话框

(3) 在“函数参数”对话框中，单击“Number1”数值框后面的“ ”压缩按钮，选中 C3:C12 单元格区域，单击“确定”按钮，即可求出英语最高分。

(4) 再次选中 C13 单元格，拖动填充柄至 G13 单元格，松开鼠标左键，完成其他课程最高分的计算，如图 5－29 所示。

	A	B	C	D	E	F	G
1	2018 年第二学期成绩表						
2	学号	姓名	英语	听力	高数	物理	英语折合分
3	20140301	李晓东	64	96	83	88	76.80
4	20140302	张正	73	82	92	89	76.60
5	20140303	徐丽珍	82	93	77	90	86.40
6	20140304	翁立飞	81	73	80	65	77.80
7	20140305	陈亮	65	78	75	82	70.20
8	20140306	徐建波	56	64	80	73	59.20
9	20140307	徐奔	37	66	58	62	48.60
10	20140308	陶小康	71	53	72	54	63.80
11	20140309	刘芳	63	76	80	70	68.20
12	20140310	田东鹏	85	68	86	70	78.20
13	最高分		85	96	92	90	86.4

图 5－29　最高分填充计算结果

5.2.8　计算总人数

(1) 选中 B14 单元格，在“公式”选项卡的“函数库”组中单击“插入函数”按钮，设置“或选择类别”为“统计”，选择函数“COUNTA”，如图 5－30 所示。

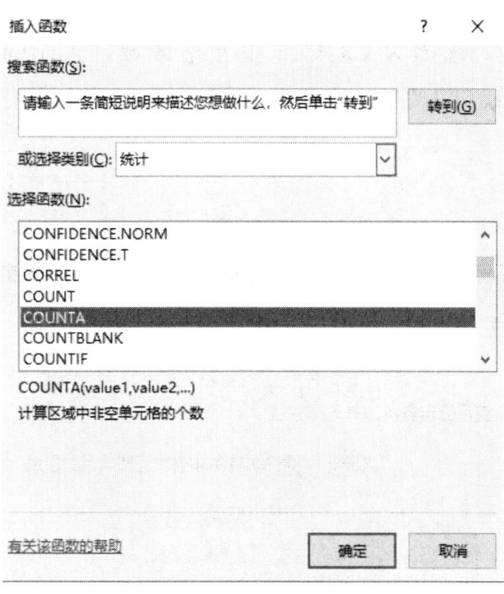

图 5－30　选择“COUNTA”函数统计总人数

(2) 单击“确定”按钮，函数参数选择 B3:B12 单元格区域，如图 5－31 所示，求出总人数为 10。

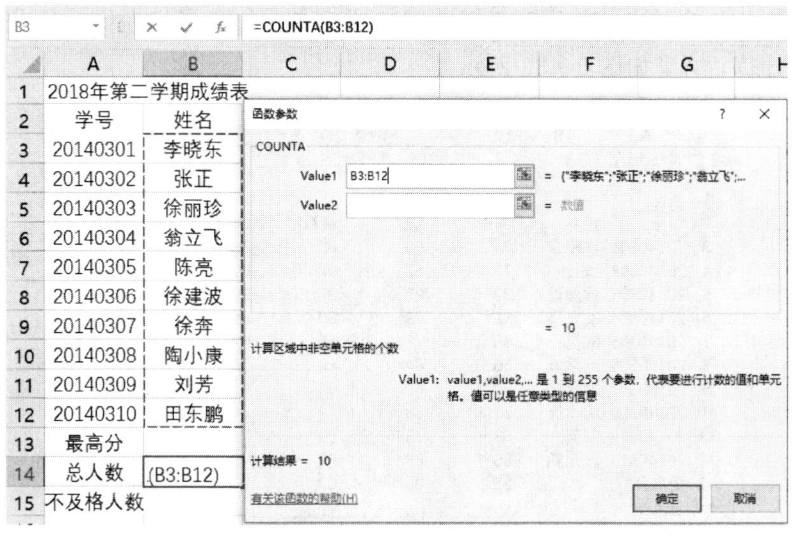

图 5－31　函数“COUNTA”区域参数设置

5.2.9 计算不及格人数

(1) 选中 C15 单元格，在“公式”选项卡的“函数库”组中单击“插入函数”按钮，设置“或选择类别”为“统计”，选择函数“COUNTIF”，单击“确定”按钮，打开“函数参数”对话框。

(2) 函数参数“Range”选择为 C3:C12 单元格区域，“Criteria”条件定义为“＜60”，如图 5－32 所示，单击“确定”按钮，C15 单元格中显示不及格人数。

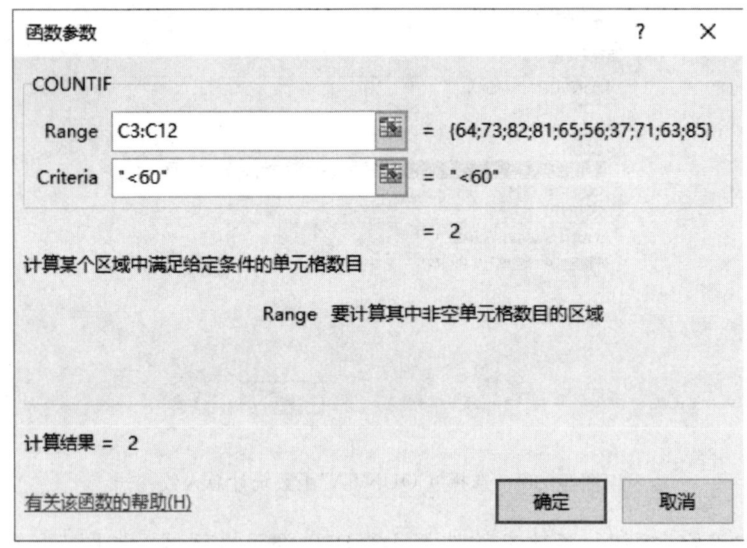

图 5－32　“函数参数”对话框

(3) 选中 C15 单元格，拖动填充柄至 G15 单元格，松开鼠标左键，完成其他课程不及格人数的计算，结果如图 5－33 所示。

	A	B	C	D	E	F	G
1	2018 年 第二学期成绩表						
2	学号	姓名	英语	听力	高数	物理	英语折合分
3	20140301	李晓东	64	96	83	88	76.80
4	20140302	张正	73	82	92	89	76.60
5	20140303	徐丽珍	82	93	77	90	86.40
6	20140304	翁立飞	81	73	80	65	77.80
7	20140305	陈亮	65	78	75	82	70.20
8	20140306	徐建波	56	64	80	73	59.20
9	20140307	徐奔	37	66	58	62	48.60
10	20140308	陶小康	71	53	72	54	63.80
11	20140309	刘芳	63	76	80	70	68.20
12	20140310	田东鹏	85	68	86	70	78.20
13	最高分		85	96	92	90	86.4
14	总人数	10					
15	不及格人数		2	1	1	1	2

图 5－33　不及格人数填充结果

5.2.10 评出优秀并计算优秀率

按照总分评出优秀(总分＞250)，计算优秀率(优秀率＝优秀人数/总人数)，其值用百分数形式显示。

(1) 选中 I3 单元格，在“公式”选项卡的“函数库”组中单击“插入函数”按钮，设置“或选择类别”为“常用函数”，选择函数“IF”，单击“确定”按钮，打开“函数参数”对话框。

(2) 在“Logical_test”逻辑条件框中输入条件表达式“H3＞250”，在“Value_if_true”(条件为真)返回值框中输入“优秀”，在“Value_if_false”(条件为假)返回值框中输入“ ”空格，如图 5－34 所示，单击“确定”按钮，即可得到李晓东的总评。

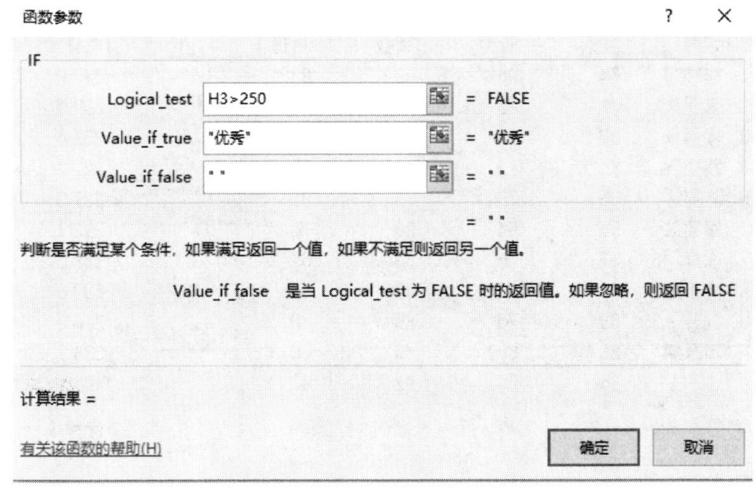

图 5－34 IF 函数参数设置

提示：可在 I3 单元格中直接输入公式“＝IF(H3＞250，“优秀”，“ ”)”。公式符号均为英文标点符号。

(3) 选中 I3 单元格，拖动填充柄至 I12 单元格，松开鼠标左键，完成其他同学的总评，如图 5－35 所示。

	A	B	C	D	E	F	G	H	I
1	2018 年第二学期成绩表								
2	学号	姓名	英语	听力	高数	物理	英语折合分	总分	总评
3	20140301	李晓东	64	96	83	88	76.8	247.8	
4	20140302	张正	73	82	92	89	76.6	257.6	优秀
5	20140303	徐丽珍	82	93	77	90	86.4	253.4	优秀
6	20140304	翁立飞	81	73	80	65	77.8	222.8	
7	20140305	陈亮	65	78	75	82	70.2	227.2	
8	20140306	徐建波	56	64	80	73	59.2	212.2	
9	20140307	徐奔	37	66	58	62	48.6	168.6	
10	20140308	陶小康	71	53	72	54	63.8	189.8	
11	20140309	刘芳	63	76	80	70	68.2	218.2	
12	20140310	田东鹏	85	68	86	70	78.2	234.2	

图 5－35 总评填充结果

(4) 合并 H14、H15 单元格，输入“优秀率”，合并 I14、I15 单元格，选中该单元格并输入公式“=COUNTIF(I3:I12，“优秀”)/B14”，可得到优秀率为 0.2。

(5) 选中计算出的优秀率，在“开始”选项卡的“数字”组中单击“百分比”样式按钮，如图 5-36 所示，优秀率的值即用百分比样式显示。

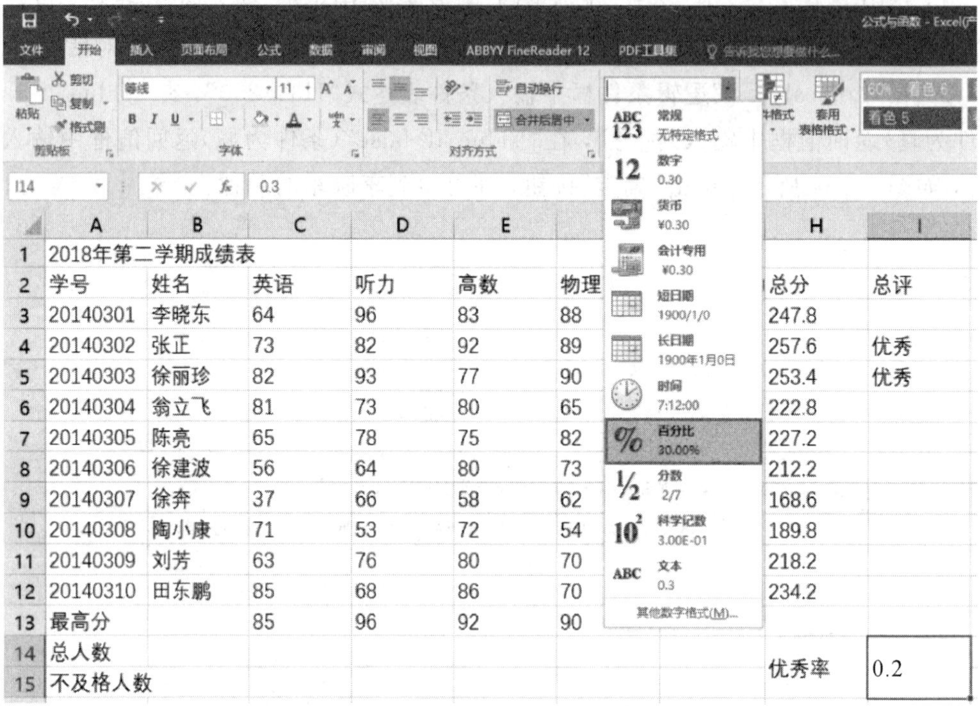

图 5-36　修改数字显示为百分比

5.2.11　工作表改名

选中 Sheet1 工作表并右击鼠标，在弹出的快捷菜单中选择“重命名”选项，输入“实习人员成绩表”，则完成 Sheet1 的重命名。

5.2.12　工作表的设置

(1) 选中 A1：I1 单元格区域，在“开始”选项卡的“对齐方式”组中单击“合并后居中”按钮，即可完成单元格的合并及居中。

(2) 在“开始”选项卡的“对齐方式”组中单击右下角的对话框启动器按钮，打开“设置单元格格式”对话框。

(3) 在“字体”选项卡中设置字体为“黑体”，字号为“16”，颜色为“白色”，如图 5-37 所示。在“填充”选项卡中设置底纹为“灰色”。

图 5 - 37　表格字体设置

(4) 选中表格第 2 行至最后一行，在“开始”选项卡的“单元格”组中单击“格式”按钮，在下拉列表中选择“行高”选项，如图 5 - 38 所示。在打开的对话框中设置行高为“16”，在“开始”选项卡的“对齐方式”组中单击“居中”按钮，则表格内容全部居中，设置结果如图 5 - 39 所示。

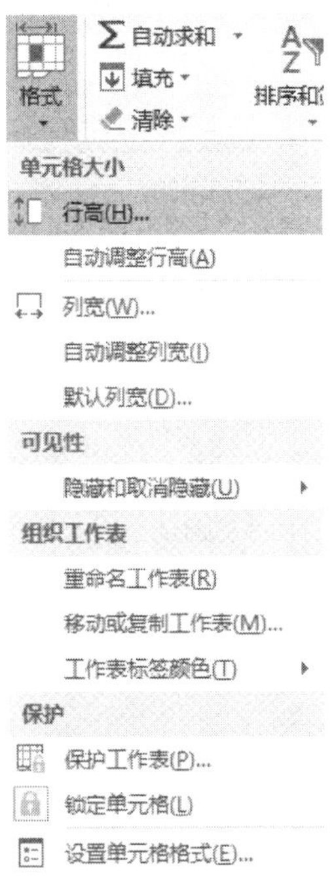

图 5 - 38　单元格格式设置下拉菜单

	A	B	C	D	E	F	G	H	I
1	2018年第二学期成绩表								
2	学号	姓名	英语	听力	高数	物理	英语折合分	总分	总评
3	20140301	李晓东	64	96	83	88	76.8	247.8	
4	20140302	张正	73	82	92	89	76.6	257.6	优秀
5	20140303	徐丽珍	82	93	77	90	86.4	253.4	优秀
6	20140304	翁立飞	81	73	80	65	77.8	222.8	
7	20140305	陈亮	65	78	75	82	70.2	227.2	
8	20140306	徐建波	56	64	80	73	59.2	212.2	
9	20140307	徐奔	37	66	58	62	48.6	168.6	
10	20140308	陶小康	71	53	72	54	63.8	189.8	
11	20140309	刘芳	63	76	80	70	68.2	218.2	
12	20140310	田东鹏	85	68	86	70	78.2	234.2	
13	最高分		85	96	92	90			
14	总人数	10						优秀率	20%
15	不及格人数		2	1	1	1	2		

图 5－39　表格内容居中效果

（5）选中整个表格，在“开始”选项卡的“对齐方式”组中单击右下角的对话框启动器按钮，打开“设置单元格格式”对话框，在“边框”选项卡中设置线条样式为“细实线”，单击“外边框”“内部”按钮，如图 5－40 所示。完成表格边框的设置，最终效果如图 5－41 所示。

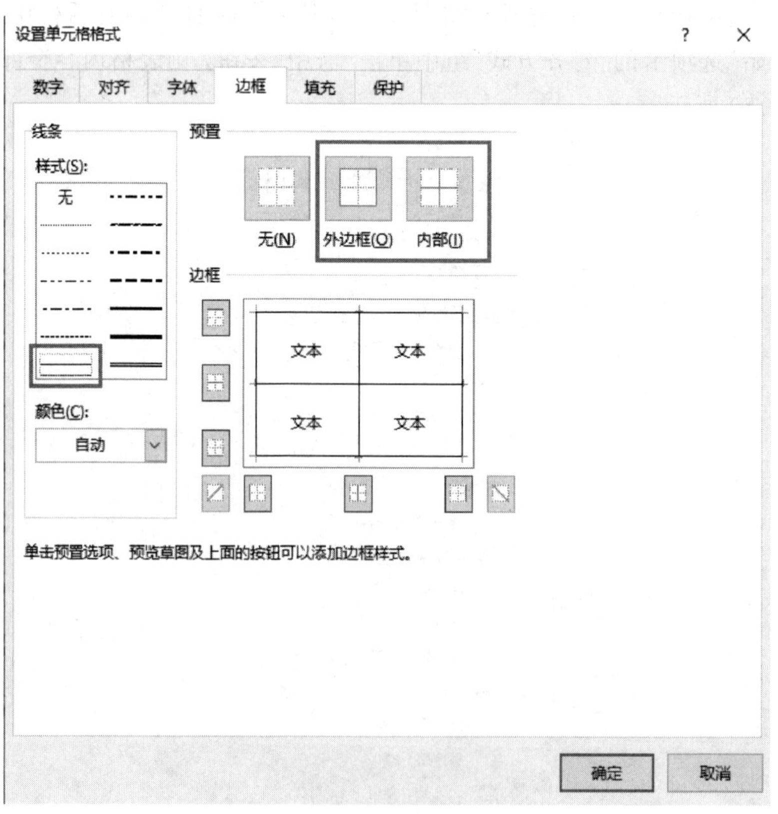

图 5－40　表格边框设置

	A	B	C	D	E	F	G	H	I
1	2014年第一学期成绩表								
2	学号	姓名	英语	听力	高数	物理	英语折合分	总分	总评
3	20140301	李晓东	64	96	83	88	76.8	247.8	
4	20140302	张正	73	82	92	89	76.6	257.6	优秀
5	20140303	徐丽珍	82	93	77	90	86.4	253.4	优秀
6	20140304	翁立飞	81	73	80	65	77.8	222.8	
7	20140305	陈亮	65	78	75	82	70.2	227.2	
8	20140306	徐建波	56	64	80	73	59.2	212.2	
9	20140307	徐奔	37	66	58	62	48.6	168.6	
10	20140308	陶小康	71	53	72	54	63.8	189.8	
11	20140309	刘芳	63	76	80	70	68.2	218.2	
12	20140310	田东鹏	85	68	86	70	78.2	234.2	
13	最高分		85	96	92	90		268.4	
14	总人数	10						优秀率	20%
15	不及格人数		2	1	1	1	2		

图 5 - 41　边框设置后最终效果

5.2.13　保存文件

在“文件”选项卡中选择“保存”或“另存为”选项，将文件以“实习人员成绩.xlsx”为文件名保存，退出 Excel。

5.3　统计分析员工绩效表

项目情境

徐经理让李晓东统计公司各员工 1～3 月份销售产品的季度总产量，分析各职员在第一季度的销售情况，统计后制作一份“公司员工绩效表”，以便公司查看员工第一季度的销售情况。

实训目的

(1) 掌握快速排序、组合排序和自定义排序的方法。

(2) 掌握自动筛选和高级筛选的方法。

(3) 按照不同的字段为表中数据创建分类汇总，掌握创建数据透视表和数据透视图的方法。

(4) 制作“统计分析员工绩效表”，原始数据如图 5 - 42 所示。

	A	B	C	D	E	F	G
1	一季度员工绩效表						
2	编号	姓名	工种	1月份	2月份	3月份	季度总产量
3	CJ09	夏炎芬	装配	500	502	530	1532
4	CJ10	夏小米	检验	480	526	524	1530
5	CJ11	张琴丽	装配	520	526	519	1565
6	CJ12	葛华	检验	515	514	527	1556
7	CJ13	吕继红	运输	500	520	498	1518
8	CJ14	王艳琴	检验	570	500	486	1556
9	CJ15	吕凤玲	运输	535	498	508	1541
10	CJ16	程燕霞	检验	530	485	505	1520
11	CJ17	胡方	装配	521	508	515	1544
12	CJ18	范丽芳	运输	516	510	528	1554

图 5-42　“统计分析员工绩效表”原始数据

5.3.1　排序员工绩效表数据

按季度总产量降序排列，若相同则按 1 月份降序排列。

(1) 光标选中表格中任一单元格区域，在“数据”功能区的“排序和筛选”组单击“排序”按钮，弹出“排序”对话框，设置“主要关键字”为“季度总产量”，“排序依据”为“数值”，“次序”为“降序”，如图 5-43 所示，单击“确定”按钮，排序后的效果如图 5-44 所示。

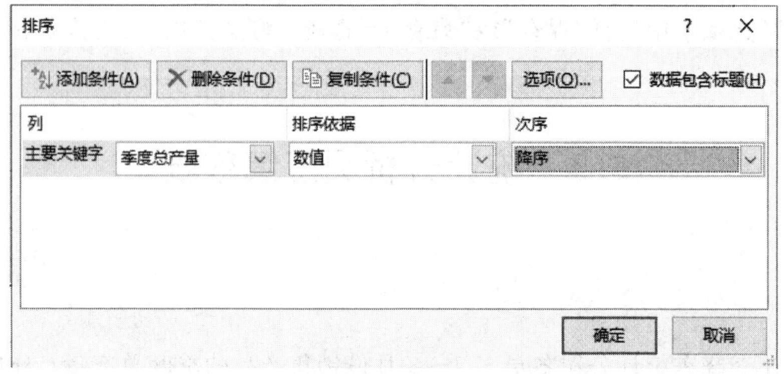

图 5-43　排序参数设置

	A	B	C	D	E	F	G
1	一季度员工绩效表						
2	编号	姓名	工种	1月份	2月份	3月份	季度总产量
3	CJ11	张琴丽	装配	520	526	519	1565
4	CJ12	葛华	检验	515	514	527	1556
5	CJ14	王艳琴	检验	570	500	486	1556
6	CJ18	范丽芳	运输	516	510	528	1554
7	CJ17	胡方	装配	521	508	515	1544
8	CJ15	吕凤玲	运输	535	498	508	1541
9	CJ09	夏炎芬	装配	500	502	530	1532
10	CJ10	夏小米	检验	480	526	524	1530
11	CJ16	程燕霞	检验	530	485	505	1520
12	CJ13	吕继红	运输	500	520	498	1518

图 5-44　按季度总产量排序后的效果

(2) 观察排序后的结果，“葛华”与“王艳琴”的季度总产量都是“1556”，为了避免随机排列，此时可添加“1 月份”作为“次要关键字”。单击“添加条件”按钮，选择“1 月份”作为“次要关键字”，“次序”为“降序”，如图 5－45 所示。单击“确定”按钮，排序后的效果如图 5－46 所示。此时可以看到，因为“王艳琴”1 月份产量高于“葛华”，又因为按降序排列，所以虽然总产量两个人一样，但现在“王艳琴”排到“葛华”的前面。

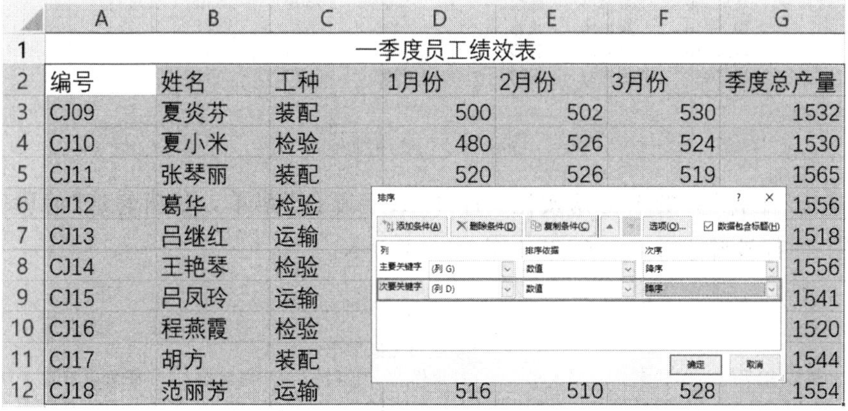

	A	B	C	D	E	F	G
1	一季度员工绩效表						
2	编号	姓名	工种	1月份	2月份	3月份	季度总产量
3	CJ09	夏炎芬	装配	500	502	530	1532
4	CJ10	夏小米	检验	480	526	524	1530
5	CJ11	张琴丽	装配	520	526	519	1565
6	CJ12	葛华	检验				1556
7	CJ13	吕继红	运输				1518
8	CJ14	王艳琴	检验				1556
9	CJ15	吕凤玲	运输				1541
10	CJ16	程燕霞	检验				1520
11	CJ17	胡方	装配				1544
12	CJ18	范丽芳	运输	516	510	528	1554

排序

添加条件(A)　删除条件(D)　复制条件(C)　选项(O)...　数据包含标题(H)

列		排序依据	次序
主要关键字	列 G	数值	降序
次要关键字	列 D	数值	降序

确定　取消

图 5－45　排序时设置主要、次要关键字

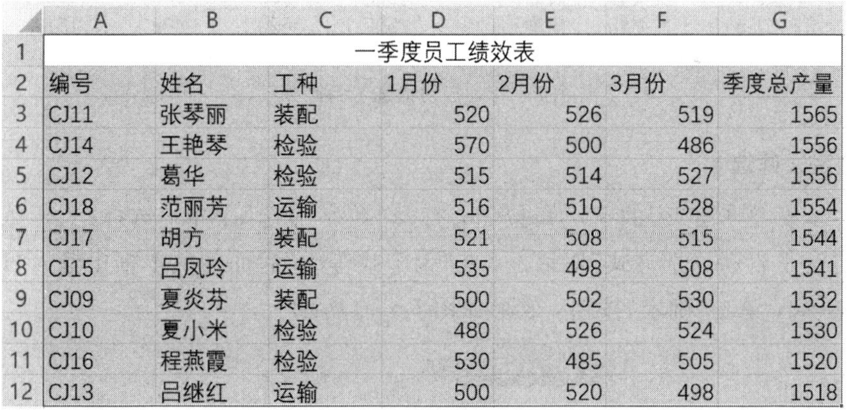

	A	B	C	D	E	F	G
1	一季度员工绩效表						
2	编号	姓名	工种	1月份	2月份	3月份	季度总产量
3	CJ11	张琴丽	装配	520	526	519	1565
4	CJ14	王艳琴	检验	570	500	486	1556
5	CJ12	葛华	检验	515	514	527	1556
6	CJ18	范丽芳	运输	516	510	528	1554
7	CJ17	胡方	装配	521	508	515	1544
8	CJ15	吕凤玲	运输	535	498	508	1541
9	CJ09	夏炎芬	装配	500	502	530	1532
10	CJ10	夏小米	检验	480	526	524	1530
11	CJ16	程燕霞	检验	530	485	505	1520
12	CJ13	吕继红	运输	500	520	498	1518

图 5－46　按主要、次要关键字排序后的效果

5.3.2　筛选员工绩效表数据

1. 自动筛选

(1) 选中表格中任意一单元格区域，在“数据”功能区的“排序和筛选”组中单击“筛选”按钮，则表格标题的每一字段旁边都出现一个下三角按钮，如图 5－47 所示。

	A	B	C	D	E	F	G
1	一季度员工绩效表						
2	编号	姓名	工种	1月份	2月份	3月份	季度总产量
3	CJ11	张琴丽	装配	520	526	519	1565
4	CJ14	王艳琴	检验	570	500	486	1556
5	CJ12	葛华	检验	515	514	527	1556
6	CJ18	范丽芳	运输	516	510	528	1554
7	CJ17	胡方	装配	521	508	515	1544
8	CJ15	吕凤玲	运输	535	498	508	1541
9	CJ09	夏炎芬	装配	500	502	530	1532
10	CJ10	夏小米	检验	480	526	524	1530
11	CJ16	程燕霞	检验	530	485	505	1520
12	CJ13	吕继红	运输	500	520	498	1518

图 5-47 自动筛选

（2）单击“工种”旁的下三角按钮，打开“数字筛选”菜单，取消勾选“检验”复选框，则“检验”工种都被筛选出去，效果如图 5-48 所示。

	A	B	C	D	E	F	G
1	一季度员工绩效表						
2	编号	姓名	工种	1月份	2月份	3月份	季度总产量
3	CJ11	张琴丽	装配	520	526	519	1565
6	CJ18	范丽芳	运输	516	510	528	1554
7	CJ17	胡方	装配	521	508	515	1544
8	CJ15	吕凤玲	运输	535	498	508	1541
9	CJ09	夏炎芬	装配	500	502	530	1532
12	CJ13	吕继红	运输	500	520	498	1518

图 5-48 自动筛选“工种”列

2. 自定义筛选

单击“季度总产量”旁的下三角按钮，打开“数字筛选”菜单，选择“大于或等于”命令弹出“自定义自动筛选方式”对话框，在“大于或等于”后面的文本框中输入“1540”，如图 5-49 所示，单击“确定”按钮，效果如图 5-50 所示。

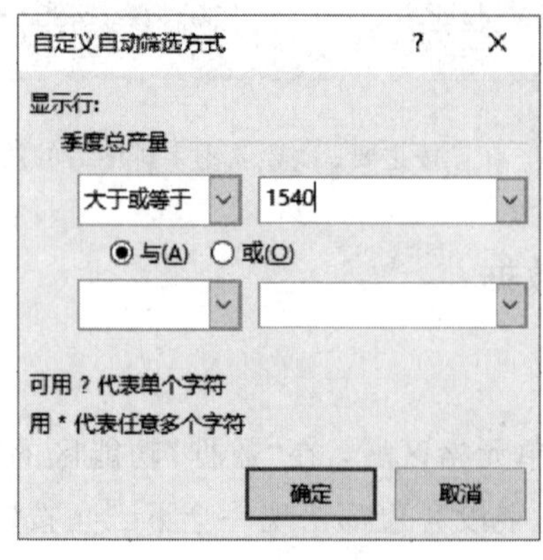

图 5-49 自定义自动筛选方式设置

	A	B	C	D	E	F	G
1	一季度员工绩效表						
2	编号	姓名	工种	1月份	2月份	3月份	季度总产量
3	CJ11	张琴丽	装配	520	526	519	1565
4	CJ14	王艳琴	检验	570	500	486	1556
5	CJ12	葛华	检验	515	514	527	1556
6	CJ18	范丽芳	运输	516	510	528	1554
7	CJ17	胡方	装配	521	508	515	1544
8	CJ15	吕凤玲	运输	535	498	508	1541

图 5 - 50　自定义自动筛选方式的效果

3. 高级筛选

在 A14:B15 单元格中筛选出 1 月份数据大于 510，季度总产量大于 1540 的员工记录。(温馨提示:字段名用复制粘贴操作，千万不要自行输入。)

(1) 在 A14:B15 单元格区域输入如图 5 - 51 所示筛选条件。

	A	B	C	D	E	F	G
1	一季度员工绩效表						
2	编号	姓名	工种	1月份	2月份	3月份	季度总产量
3	CJ11	张琴丽	装配	520	526	519	1565
4	CJ14	王艳琴	检验	570	500	486	1556
5	CJ12	葛华	检验	515	514	527	1556
6	CJ18	范丽芳	运输	516	510	528	1554
7	CJ17	胡方	装配	521	508	515	1544
8	CJ15	吕凤玲	运输	535	498	508	1541
9	CJ09	夏炎芬	装配	500	502	530	1532
10	CJ10	夏小米	检验	480	526	524	1530
11	CJ16	程燕霞	检验	530	485	505	1520
12	CJ13	吕继红	运输	500	520	498	1518
13							
14	1月份	季度总产量					
15	>510	>1540					

图 5 - 51　设置高级筛选条件

(2) 选中表格中任意一单元格区域，在“数据”功能区的“排序和筛选”组中单击“高级”按钮，弹出“高级筛选”对话框，“方式”选中“在原有区域显示筛选结果”，“列表区域”文本框中输入“＄A＄ 2:＄G＄12”，“条件区域”文本框中输入“一季度员工绩效表!＄A＄ 14:＄B＄ 15”，如图 5 - 52 所示。单击“确定”按钮，出现如图 5 - 53 所示筛选效果。

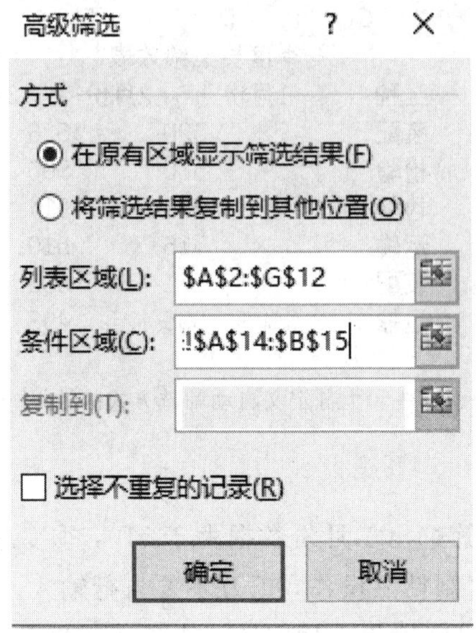

图 5-52　高级筛选条件设置

	A	B	C	D	E	F	G
1	一季度员工绩效表						
2	编号	姓名	工种	1月份	2月份	3月份	季度总产量
3	CJ11	张琴丽	装配	520	526	519	1565
4	CJ14	王艳琴	检验	570	500	486	1556
5	CJ12	葛华	检验	515	514	527	1556
6	CJ18	范丽芳	运输	516	510	528	1554
7	CJ17	胡方	装配	521	508	515	1544
8	CJ15	吕凤玲	运输	535	498	508	1541
13							
14	1月份	季度总产量					
15	>510	1540					

图 5-53　高级筛选的效果

5.3.3　员工绩效表数据分类汇总

按“工种”分类汇总季度总产量。

(1) 选中表格中任意一单元格区域，在“数据”功能区的“排序和筛选”组中单击“排序”按钮，弹出“排序”对话框，设置“主要关键字”为“工种”，“排序依据”为“数值”，“次序”为“降序”，如图 5-54 所示。单击“确定”按钮，排序后的效果如图 5-55 所示。

图 5－54　排序参数设置

	A	B	C	D	E	F	G
1				一季度员工绩效表			
2	编号	姓名	工种	1月份	2月份	3月份	季度总产量
3	CJ09	夏炎芬	装配	500	502	530	1532
4	CJ11	张琴丽	装配	520	526	519	1565
5	CJ17	胡方	装配	521	508	515	1544
6	CJ13	吕继红	运输	500	520	498	1518
7	CJ15	吕凤玲	运输	535	498	508	1541
8	CJ18	范丽芳	运输	516	510	528	1554
9	CJ10	夏小米	检验	480	526	524	1530
10	CJ12	葛华	检验	515	514	527	1556
11	CJ14	王艳琴	检验	570	500	486	1556
12	CJ16	程燕霞	检验	530	485	505	1520

图 5－55　按“工种”排序的效果

（2）在“数据”功能区的“分级显示”组中单击“分类汇总”按钮，弹出“分类汇总”对话框，选择“分类字段”为“工种”，“汇总方式”为“求和”，“选定汇总项”为“季度总产量”，并将汇总结果显示在数据下方”打勾选择，如图 5－56 所示。单击“确定”按钮，分类汇总后的效果如图 5－57 所示。

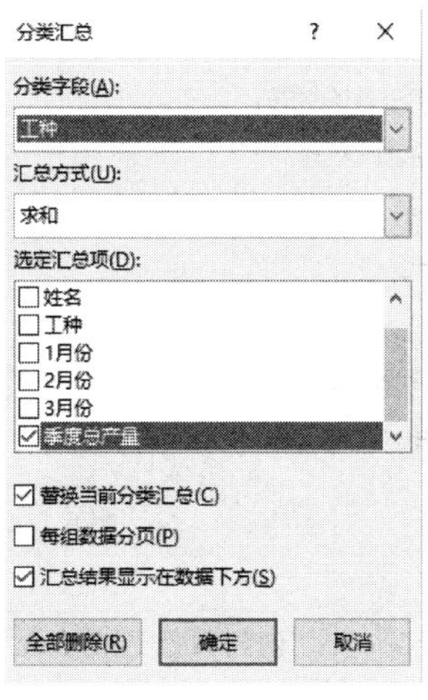

图 5－56　分类汇总设置

	A	B	C	D	E	F	G
1	一季度员工绩效表						
2	编号	姓名	工种	1月份	2月份	3月份	季度总产量
3	CJ09	夏炎芬	装配	500	502	530	1532
4	CJ11	张琴丽	装配	520	526	519	1565
5	CJ17	胡方	装配	521	508	515	1544
6			**装配 汇总**				4641
7	CJ13	吕继红	运输	500	520	498	1518
8	CJ15	吕凤玲	运输	535	498	508	1541
9	CJ18	范丽芳	运输	516	510	528	1554
10			**运输 汇总**				4613
11	CJ10	夏小米	检验	480	526	524	1530
12	CJ12	葛华	检验	515	514	527	1556
13	CJ14	王艳琴	检验	570	500	486	1556
14	CJ16	程燕霞	检验	530	485	505	1520
15			**检验 汇总**				6162
16			**总计**				15416

图 5－57　按“工种”分类汇总后的效果

5.3.4　创建数据透视表和数据透视图

(1) 将光标放置在数据区中任意一单元格，在“插入”功能区的“表格”组中单击“数据透视表”按钮，弹出如图 5－58 所示对话框。

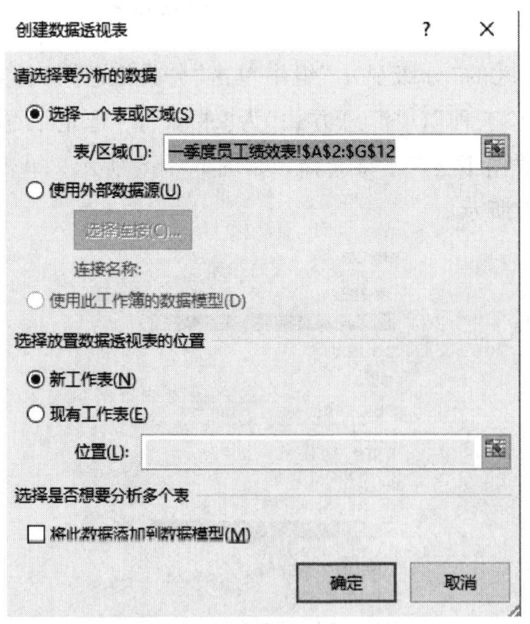

图 5－58　创建数据透视表设置

(2) 单击“确定”按钮，弹出如图 5－59 所示“数据透视表字段”设置界面。

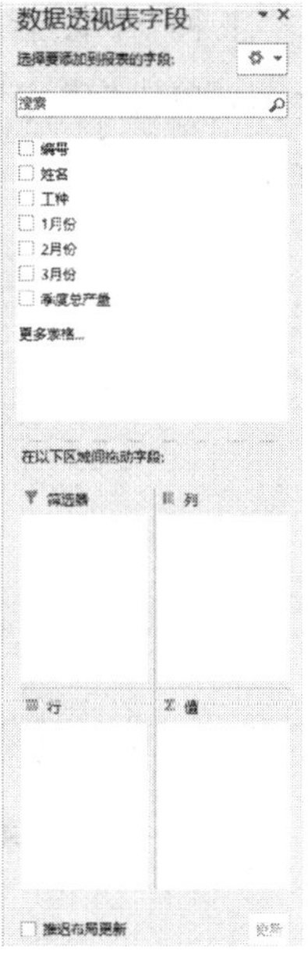

图 5-59　“数据透视表字段”设置界面(一)

(3) 在“数据透视表字段”窗格中将“工种”字段拖动到“筛选器”下拉列表框中，数据表中将自动添加筛选字段，然后用同样的方法将“姓名”和“编号”字段拖到“筛选器”下拉列表框中。

(4) 使用同样的方法按顺序将“1 月份”“2 月份”“3 月份”“季度总产量”字段拖到“∑值”下拉列表框中，如图 5-60 所示。

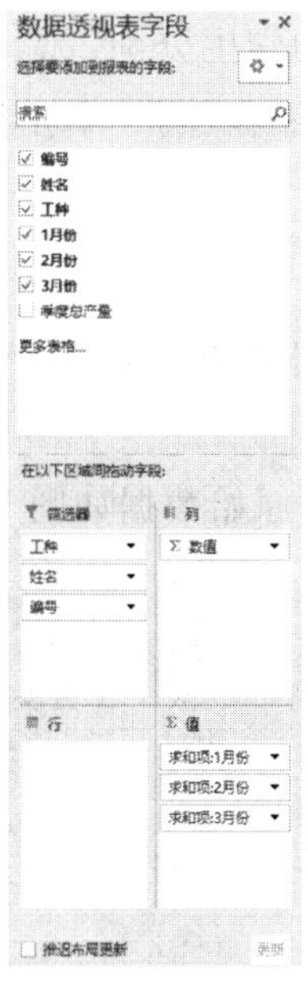

图 5-60　“数据透视表字段”设置界面(二)

(5) 在创建好的数据透视表中单击“工种”字段后的下三角按钮，在打开的下拉列表框中选择“检验”选项，如图 5-61 所示，单击“确定”按钮，即可在表格中显示该工种下所有员工的汇总数据，如图 5-62 所示。

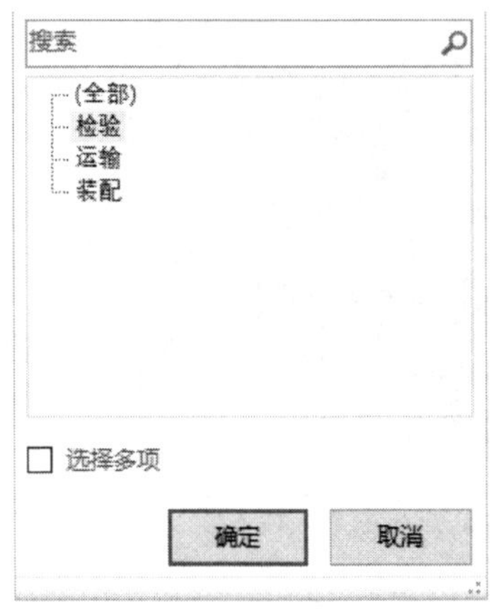

图 5-61　创建数据透视表“工种”的设置

	A	B	C
1	工种	检验	
2	姓名	(全部)	
3	编号	(全部)	
4			
5	求和项:1月份	求和项:2月份	求和项:3月份
6	2095	2025	2042

图 5-62　对汇总结果筛选后的效果

5.4　制作学生构成比例饼图

项目情境

公司在人才市场新招聘了一批员工，来自不同的大学。徐经理想了解这批员工的学历情况，让李晓东统计不同学历的学生分别占总学生的百分比，统计后制作一份“学生构成比例”表格，同时根据该表格制作一张“学生构成比例图”，以便总经理查看最新招聘员工的学历情况。

实训目的

(1) 掌握依据表格中数据生成图表的方法。

(2) 掌握图表编辑的方法。

(3) 制作“学生构成比例饼图”，原始数据如图 5-63 所示。

	A	B	C
1	学生构成比例		
2	学生类别	人数	占学生数的比例
3	专科生	2050	19.43%
4	本科生	6800	64.45%
5	研究生	1200	11.37%
6	博士生	500	4.74%
7			
8	总人数	10550	

图 5-63　“学生构成比例”表原始数据

5.4.1　插入图表

(1) 选中 A2:A6 单元格区域，按住 Ctrl 键，再选中 C2:C6 单元格区域，如图 5－64 所示。

	A	B	C
1		学生构成比例	
2	学生类别	人数	占学生数的比例
3	专科生	2050	19.43%
4	本科生	6800	64.45%
5	研究生	1200	11.37%
6	博士生	500	4.74%
7			
8	总人数	10550	

图 5－64　选择不连续的两列

(2) 在“插入”功能区的“图表”组中单击“插入图表”按钮，在“所有图表”选项卡中选择“饼图”，在“图表类型”中选择“三维饼图”，如图 5－65 所示。

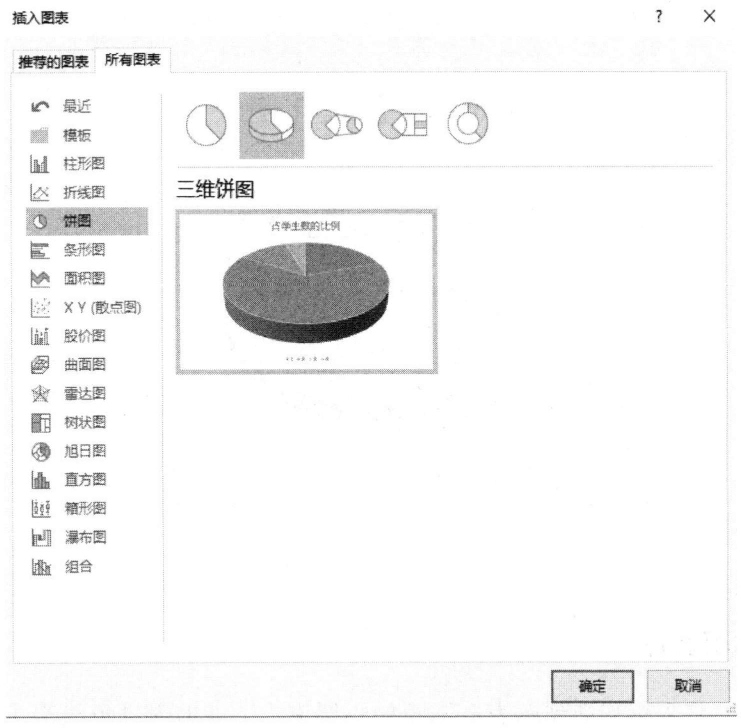

图 5－65　插入图表设置

(3) 单击“确定”按钮，选中图表，在“图表工具”扩展功能区中单击“设计”选项卡，在“图表样式”组中选择“样式 3”，效果如图 5－66 所示。

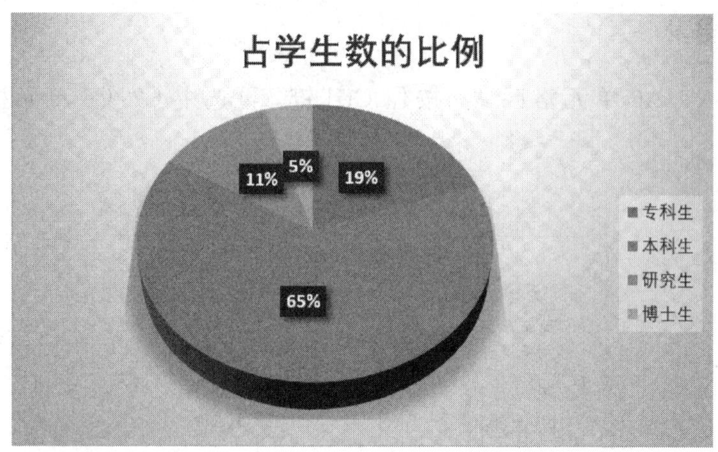

图 5-66 生成带有比例的饼图

5.4.2 更改图表标题和图例的位置

双击图表标题“占学生数的比例”，直接修改为“大学生构成比例”。选中图表，在“图表工具”扩展功能区中单击“设计”选项卡，在“图表布局”组中单击“添加图表元素”下拉箭头，选择“图例”中的“底部”选项，设置后的效果如图 5-67 所示。

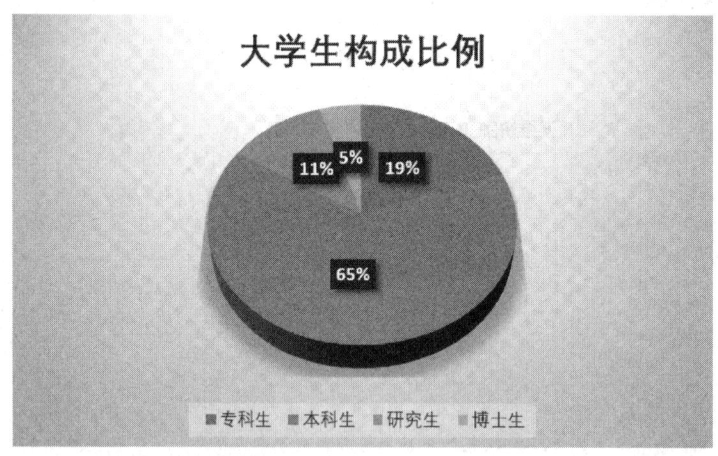

图 5-67 设置图表标题和图例位置

5.4.3 移动图表位置

选中图表，将光标移动到图表右下角的小圆圈上，当出现对角线箭头(从矩形左上到右下)时，按住鼠标左键进行拖放改变图表大小，并将改变大小的图表移动到 A9：C22 单元格区域内，设置后的效果如图 5-68 所示。

	A	B	C
1	学生构成比例		
2	学生类别	人数	占学生数的比例
3	专科生	2050	19.43%
4	本科生	6800	64.45%
5	研究生	1200	11.37%
6	博士生	500	4.74%
7			
8	总人数	10550	

图 5-68　将图表缩放并放置到指定位置

参 考 文 献

[1] 宋文军，谭可久，等. 大学计算机实训教程[M]. 长春：吉林大学出版社，2016.
[2] 侯丽萍，王海舰，等. 计算机基础实训教程[M]. 济南：山东科学技术出版社，2017.
[3] 康华，陈少敏. 计算机文化基础实训教程[M]. 北京：北京理工大学出版社，2018.
[4] 丁仁伟，等. 信息技术实训教程[M]. 北京：中国铁道出版社，2018.
[5] 杨枢，陈兴智，等. 信息技术实训教程[M]. 合肥：安徽大学出版社，2016.
[6] 叶斌，黄洪桥，等. 信息技术基础[M]. 重庆：重庆大学出版社，2017.
[7] 赵妍，纪怀猛. 大学信息技术基础实训教程[M]. 成都：电子科技大学出版社，2017.
[8] 张海钧，等. 信息技术基础实训教程[M]. 北京：北京理工大学出版社，2015.
[9] 鲍鹏. 计算机基础[M]. 重庆：重庆大学出版社，2018.
[10] 杨业娟，郑棣. 大学信息技术实训教程项目化[M]. 北京：北京理工大学出版社，2016.